新手学
产品设计与运营
产品经理爆品打造实战攻略

孙亮　梁国辉　著

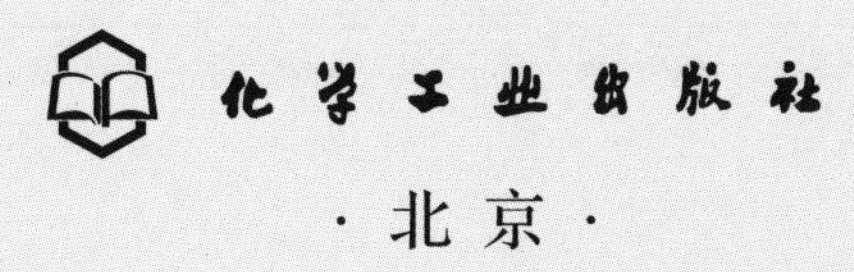

·北京·

产品是企业开展一切经营活动的基础和前提，企业要想创建强势的品牌、快速抢占市场、实现可持续发展，必须建立在优质产品的基础上。然而，随着互联网时代的到来，对企业和产品经理提出了新要求，不仅要懂产品，会做产品，还必须做出适应时代，令消费者喜欢的爆品，帮助企业实现口碑和利润的双赢。

本书紧紧围绕产品经理“做爆品”这条主线展开，分别从爆品认知、战略与规划、打造爆品的两个要点、打造爆品的三个方法、爆品的市场传播、爆品的需求分析与管理、爆品的用户体验与服务等多个层面，来揭秘爆款产品的设计、运营的理念、技巧和方法。本书有助于产品经理轻松做好产品运营，快速打造出深受用户喜爱的产品。

图书在版编目（CIP）数据

新手学产品设计与运营：产品经理爆品打造实战攻略/孙亮，梁国辉著．—北京：化学工业出版社，2019.2

ISBN 978-7-122-33060-4

Ⅰ.①新…　Ⅱ.①孙…②梁…　Ⅲ.①产品设计-研究②企业管理-产品管理-研究　Ⅳ.①TB472②F273.2

中国版本图书馆CIP数据核字（2018）第216899号

责任编辑：卢萌萌　　文字编辑：李　曦
责任校对：王素芹　　装帧设计：王晓宇

出版发行：化学工业出版社（北京市东城区青年湖南街13号　邮政编码100011）
印　　装：中煤（北京）印务有限公司
710mm×1000mm　1/16　印张13　字数215千字　2019年6月北京第1版第1次印刷

购书咨询：010-64518888　　售后服务：010-64518899
网　　址：http://www.cip.com.cn
凡购买本书，如有缺损质量问题，本社销售中心负责调换。

定　　价：59.80元

前言

FOREWORD

爆品，顾名思义就是引爆市场的口碑产品、爆红产品。传统经济时代，一个品牌、一款产品在短时间内被人熟知、红遍市场的可能性几乎为零，尤其是中小品牌、产品，要想从大企业、知名品牌中虎口夺食需要付出巨大的代价。但是到了互联网、移动互联网时代，以小博大、以弱胜强的奇迹频频上演，一款产品，一夜之间就可以刷爆朋友圈、登上新闻头条、被消费者抢购。

互联网、移动互联网给了产品，尤其是中小企业产品绝地反击的机会。现在是个"英雄不问出处"的时代，一款产品无论出自什么企业，出自什么人之手，只要大众喜欢就够了，就有可能成为爆品。同理，如果用户不买账，产品"名头"再大也无济于事。

这一切变化对于产品经理而言，既是挑战又是机遇。之所以说是挑战，是因为自1927年美国P&G（宝洁）公司出现第一名产品经理（product manager）以来，产品管理（product management）制度逐渐在越来越多的行业得到应用和推广，取得了广泛的成功。爆品的出现可能会颠覆以往长期形成的工作思维和模式，导致一部分不合格、跟不上时代变化发展的经理人遭到淘汰。之所以说也是机遇，是因为在互联网这个"英雄不问出处"的时代，产品经理的地位和作用被进一步凸显，成功的机会更大、途径更多。有时候，一个小小的创意就可以造就一名成功的产品经理，而成功的产品经理不但能引导产品发展，还能引导企业的发展、行业的发展。

因此，新时代的产品经理要转变思路，将产品做精、做细、做到极致，一改以往“以产品为中心”的传统做法，转而坚持“以人为本，以用户为中心”，打造令用户尖叫的爆品。此外，要明确地意识到，做产品再也不能拼数量，而是拼颜值、拼用户体验、拼附加服务。

是坚持“以产品为中心”，还是“以用户为中心”，做出来的产品是完全不一样的。互联网时代的产品必须要坚持以用户为中心，这是做爆品的最基本法则。且要针对不同的产品，结合目标消费群体的特定需求去做。以骑自行车为例，骑一段时间之后就会感觉很累，有不舒服的感觉。这是因为自行车是欧洲人发明的，车把的宽度是欧洲人的肩宽标准。现在国内很多自行车仍然沿用以前的标准，但是中国人的肩宽较之欧洲人要窄，所以久骑会感觉累。这个问题在过去几十年来可以说一直没有人关注过。而现在有人开始做中国人自己的自行车，第一件事就是改变车把宽度，找到最符合中国人肩宽的宽度。

过去，我们思考问题、做产品都不是“以用户为中心”，而是“以产品为中心”。互联网时代如果想成为颠覆者，想更快地被别人认知，首先要做的就是打破以往的思考路径，坚持“以用户为中心”，做人人喜欢的爆品。把一款产品、一个卖点做到极致，就能“打爆”市场。

这说明，爆品战略并不是完全不可以复制的，作为产品经理要有打造爆品的意识，善于打造爆品，甚至将爆品当作自己职业生涯的一大目标。毕竟，如果你的产品不够“爆”，就可能会被市场淹没，就会有其他竞品来颠覆你。

本书围绕“爆品打造”而写，是产品经理做产品运营工作的必备之书。全书知识点全面、案例丰富、配图清晰、语言简单易懂。共分为5章，分别从爆品打造的准备工作（包括爆品产生的背景、概念、特征、产品经理的职责和应具备的能力）；爆品打造的思维和策略（包括6个思维和4个策略）；爆品打造的关键工作（包括市场调研、需求迎合、提炼爆点）；爆品的市场推广与营销（包括口碑传播、新媒体传播和线下实体店营销）；爆品体验的打造（包括服务质量的提升、用户体验氛围的营造）。同时，最后还附有5张思维导图，是对全书内容的高度概括和总结，可以很好地引导读者快速、高效地阅读本书，对全书的知识框架、观点、理念有大致的了解，从而在头脑中建立起整体认知。

著者

2019年1月

目录

CONTENTS

目录

CONTENTS

目录

CONTENTS

目录

CONTENTS

目录

CONTENTS

01 Chapter

第1章

做爆品需先了解爆品——产品经理打造爆品前的"预热"工作

对于企业而言，产品是开展一切经营活动的基础和前提。一个企业要想实现可持续发展，获得丰厚的利益回报，创建具有影响力和良好口碑的品牌，必须先打造一款优秀的产品。在互联网、移动互联网时代，爆品就是优秀产品的典型代表。

1.1 爆品产生的背景

1.1.1 互联网彻底颠覆了产品模式

快速发展的互联网、移动互联网彻底改变了产品的传统模式，如生产制作流程、产品价值、产品盈利模式、产品推广模式等，这些转变迫使企业也不得不做出改变。

以产品价值为例，过去我们说一款产品好，那肯定是它功利性价值高、质量过硬等。如一件羽绒服人人喜欢，有极好的口碑，一定是保暖；一款手表销量高，一定是走时准、结实耐用。而在互联网时代则不同，人们更看重产品的内在价值和附加价值。一件羽绒服要想获得大众认可，不仅要保暖，还要款式新颖、时尚，具有明确的群体特征或时代特征。一款手表销量高，不仅要走时准、结实耐用，还要有聊天工具、能打电话、可充值刷卡。

案例1

吴晓波的“吴酒”，又称“杨梅酒”，本是一款市场影响力非常有限的酒，创立时间短，较之众多成熟的酒品牌可以说是毫无优势。然而，在互联网时代任何优势都不是绝对的，“吴酒”凭借着独特的内涵和文化附加值一跃成为爆款。

吴酒最大的特色就是酿酒原料：杨梅。杨梅在浙江省杭州市及整个江南地区具有十分久远的历史，夏天喝冰镇杨梅酒也是当地的一个传统。吴酒充分利用了这点，重点突出“千岛湖天地之灵气”“三千多棵杨梅树之精魂”“古法酿造”等，再加上吴晓波亲自售卖，无论从产品本身，还是个人影响力上都蕴含着极高的成长空间。

结果，一瓶售价199元的吴酒，仅用33小时便售出5000瓶，72小时后，预订数量超过3.3万瓶。如此高的销售成绩，着实让业界震惊。

吴酒的成长之路，为整个酒行业，甚至所有的产品运营带来了极大的参考价值。即在互联网时代，产品的价值会得到极大延伸，做产品千万不可再局限于传统思维。

其实，这只是互联网对产品模式颠覆的其中一个表现，如果认真去分析还会有很多。如产品推广，在快节奏的信息流中，大众在信息的获取上也越来越挑剔，不仅十分注重信息质量，而且还注重通过什么渠道接受，接受起来是否便捷。因此，一个企业、一款产品要想被大众所熟知，不但要有高价值、高性价比，而且还要求新、求快，优化传播渠道，让产品在非常短的时间内得到扩散。

这点在吴酒的案例中也有所体现，将杨梅酿成吴酒，如果换作传统做法，由于农副产品销售渠道过于陈旧，肯定很难被市场认可，甚至会很难扩散开。而在互联网时代，尤其是在新媒体时代，杨梅酿酒突然成了一件好玩的事情，吴晓波掀起的第一波销售高潮就是利用众筹（即大众筹资或群众筹资）、微信公众号等。

案例2

众筹采用的是个人认养，具体方法是吴酒首批拿出杨梅林A区1000棵杨梅树，树主花一万元限认养一棵，认养期是两年，可得到价值1.6032万元的吴酒及其衍生品。具体组合灵活多样：树主每年能得到30套印有树主名字的专属吴酒礼盒，市价1.194万元，如果树主想要出售这批吴酒，吴酒将以8.5折无条件回购，所得收入为1.0149万元……

众筹后的玩法同样五花八门。首批16名树主已经上岛摘杨梅、吃农家乐、逛新安江大坝；树主可以通过视频直播跟踪自己认养的杨梅树；树主乐此不疲地跟在吴晓波和秦朔等名人周围认养，炫耀自己收到吴晓波签名的树主证书。

酒酿好后，在微信公众平台上销售，具体方法是限购，实行限量供应。配上吴晓波的散文集《把生命浪费在美好的事物上》组成套装礼盒，再随机派送传统竖排体酒标，印上吴晓波的嘉言。没想到，“玩”出来的效果出乎意料的好，33小时就卖掉了5000套，每瓶199元，迅速入账近100万元。

互联网造就了一个非常重要的新品种：爆品。爆品具有一鸣惊人的巨大潜力，更容易迅速占领市场，并获得明显的竞争优势。同时，还能够带动企业和品牌快速成长。因此，对企业来讲，打造爆品是企业生存的必然选择。爆品是产品互联网化的产物，互联网是爆品产生的重要背景之一。

在这里需要强调一点，我们说爆品是产品互联网化的产物，但并不意味着爆品就等于互联网产品，更不是说爆品是在互联网出现以后才有的。事实上，在传统的产品世界里就有了爆品。如可口可乐的经典饮料、苹果公司生产的智能手机等，爆品的案例不胜枚举。

例如汽车行业，福特公司生产的第一款汽车，按现在的话说就是一款爆品。当年这款福特T型车占据了整个世界汽车销售的主要份额。其他汽车公司没有能力从汽车的生产速度、质量的稳定性，以及最重要的价格上与之相比。因为福特公司生产的T型车第一次把汽车从手工生产转换为流水线生产，并且把价格降到300美元以下，从而让美国的中产阶级也能买得起。

所以，我们要正确理解爆品与互联网的关系，它不是互联网时代的特定产物，而早在工业化时代就已经产生了。只不过在互联网这个大背景下它又呈现出了一些新特点，如种类繁多，发展速度快，更容易在短时间内吸引消费者目光，取得的成绩也更超乎常人想象。

1.1.2 产品在细分领域的发展

爆品产生的另一个背景是产品在细分领域的发展。随着市场自由化的加快，恶性竞争的加剧，不少产品面临着同质化危机。产品构造、性能、外观基本一样，甚至连推销手段也如出一辙，致使其在消费者心目中的定位越来越模糊。如日益盛行的傍名牌、跟风现象，这些现象不但影响到了消费者的切身利益，还加剧了同行业的竞争，破坏了市场风气。

在这种背景下，一些先知先觉的企业瞄准了小众市场，集中所有精力做细分市场。

案例3

在产品细分上做得最好的无疑是宝洁公司，其旗下的洗衣粉品牌多达11个，如“碧浪”“汰渍”“熊猫”等，不同品牌针对着不同购买力的消费者，“碧浪”价格较高；“汰渍”价格适中；“熊猫”则以“物美价廉”著称。

洗发水也有多款品牌，如品位的代表“沙宣”；时尚的代表“海飞丝”；优雅的代表“潘婷”；新一代的“飘柔”。此外，多种产品都有足够多的细分，如香皂8个品牌，洗涤液4个品牌，牙膏4个品牌，清洁剂3个品牌，卫生纸3个品牌等。

宝洁公司正是靠着精确的产品细分，才能满足消费者的特定需求，强化品牌在大众心目中的形象。

家具行业的竞争也异常激烈，90%以上的品牌垂死挣扎，艰难度日，宜家却一枝独秀。宜家是如何做到的？最主要的原因就是其在产品上的专注、专心，努力打造符合小众需求的爆品。帕克斯衣柜是宜家的一款爆品，这款产品宜家是下了大功夫的，聘请知名设计师设计。在营销策略上走的是私人定制，客户先提出需求，然后根据需求再量身定做。

爆品，是小众需求的必然产物。如今是小众需求盛行的时代，市场被细分，需求被定制，在这个人人追求“私人定制”的时代，更需要有个性的、有调性的爆品出现。为此，企业只有为消费者提供个性化的产品、专业化服务，才能赢得市场。再也不能有“你有我有大家都有”的产品思维，再也不能大批量、流水线式地做产品。

市场细分是由一系列活动组成的过程，割裂或跳跃任何一个环节都会对细分的有效性产生影响。因此，要想成功地对市场进行细分，就必须对细分市场，及细分市场的用户和竞争对手有充分的了解。

1.2 爆品的概念与特征

1.2.1 爆品的概念

随着互联网、移动互联网发展步伐的加快，市场细分趋势进一步加强，爆品已经成了企业生存与发展的“救命稻草”。因为互联网、移动互联网时代的经济是“注意力经济”，只有先吸引大众的注意力，才有可能将其变为客户。而想吸引大众注意力，靠产品的丰富性再也解决不了问题了，必须靠爆品。

在爆品的带动下，企业往往可以迅速占领市场，并获得明显的竞争优势。如苹果、小米的智能手机；腾讯的QQ、微信；褚时健的褚橙；张爷爷的空心挂面等。

企业不打造爆品将寸步难行。那么，什么是爆品？业界对此并没有确切的定义，至今尚没有一个机构或个人正式提出过。但我们可以从字面和实践两个层面自己做一下总结。

（1）字面理解

从字面上理解，所谓爆品即由“爆”和“品”组成，“爆”是引爆、爆发的意思，“品”是指品牌、品质、人格化。一款产品如何才能成为爆品？需要两个条件，如图1-1所示。第一，有短时间内制造超高销量的能力；第二，有较大的市场影响力，或者在某一特定人群中有特别大的影响力。

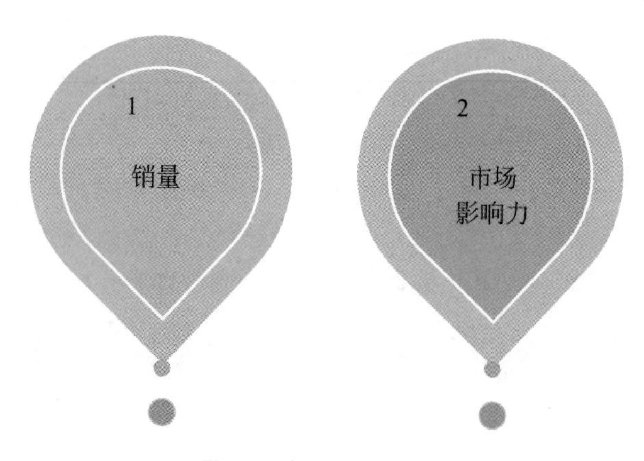

图1-1 爆品的两个条件

（2）实践层面

实践层面是指经过对市场上现有的爆品进行调查、分析而得出的一系列结论。经过总结发现，凡称得上爆品的产品至少有5个特征，如图1-2所示。

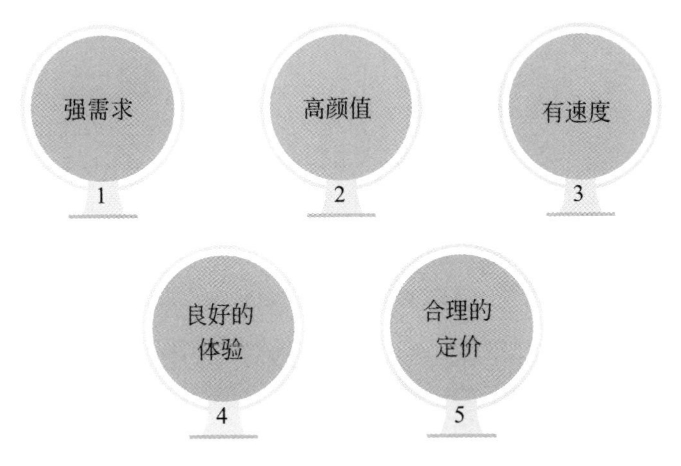

图1–2　爆品的5个特征

以上5个特征也是我们判断一款产品是不是爆品的5大标准，换句话说，只要符合这5个特征就是爆品。

1.2.2　爆品的5个特征

爆品是区别于普通产品的一种产品类型，较之普通产品具有独特的特征，这些特征往往是独一无二、竞品无法或很难跟风模仿的。具体包括以下5个特征。

（1）强需求

强需求是爆品的第一大特征，一款产品之所以称之为爆品就是因为有强需求，如果没有强需求肯定无法成为爆品。

就像柴米油盐、衣帽鞋袜等日常用品为什么很少出现爆品，因为这些都是大众产品，人人有需求，时时有需求。大众产品市场非常成熟，基本被大企业、大品牌垄断，一个企业如果要做大众产品，就意味着将会进入一个竞争“红海”，且可能会长期陷入低价“肉搏”的死循环。

那么什么是强需求？所谓强需求就是我们开头提到的小众需求，唯有小众需求才是强需求。小众通常是指有着共同爱好、职业、年龄、消费习惯等较明显标签的人群，具体内容如表1-1所示。

表1-1　小众人群的标签划分

标签	举例
爱好标签	如越野车一族、电子发烧友、漫画爱好者、文艺青年
年龄标签	如小学生、高考落榜生、宝妈
职业标签	如律师、编剧、IT工作者、金融工作者
地域标签	如一线城市、二线城市、三线城市；京津冀地区、长江三角洲地区、港澳地区等
消费习惯标签	网购消费、高档商场消费、会展消费、海外购消费

定位一款产品，千万别说目标受众是所有人群，这说明你还不懂产品，凡是说能满足所有需求的产品反而无法满足任何一种需求。

爆品就是做能满足一小部分人的需求的产品，抓住了特定人群的需求就抓住了与之有相似特征的所有人的需求。物以类聚人以群分，有这些相同特征的人往往成片状分布，如各个兴趣社群里，找到一个就找到了一群。更何况，当一个品牌、产品如果能在小众人群中树立自己的品牌影响力，或者有较高的知名度和美誉度，那么也自然会更容易从同类产品中突围，带动大众消费。

如小米手机的定位是为发烧友而生，发烧友通常是形容特别“痴迷”于某件事物的人。但实际上小米手机的使用群体早已经超出了发烧友的范围，向普通大众蔓延。小米手机微信公众平台宣传语如图1-3所示。

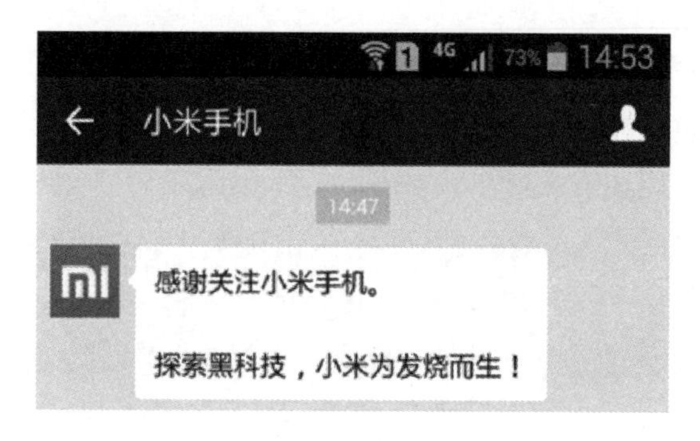

图1-3　小米手机微信公众平台宣传语

（2）高“颜值”

“颜值”是一个网络词语，往往用来评价人的容貌。高颜值意味着有较高的号召力，能将迷恋自己帅气和美丽的粉丝团结在一起。受追捧的明星，新近崛起的网络红人，都很大程度上说明了颜值的力量。

颜值，本质上就是美、美好的，而喜欢美，向往美好是每个人潜意识的需求。在这个“颜值”当道的时代，对于新生代来讲，特别是“90后”人群，第一生产力毫无疑问就是颜值。

案例4

2017年11月，生活家联合多个企业做了一份《90后家居消费趋势洞察报告》。数据显示，“90后”对家居产品的颜值要求也很高，他们追求时尚、崇尚新潮、看重“颜值”。高达94.93%的人在购买家居产品时会关注家装风格搭配；87.61%的人关注设计潮流，是否绿色，是否环保。

考虑到这些新需求，生活家地板推出的年轻系列新品更加注重个性化的设计细节，无论是丰富多样的地板配色，还是令人耳目一新的独特地板拼装方式，或是健康环保的产品理念，都体现了生活家为时尚年轻一族做出的改变。

佩尔格拉是生活家地板在2017年与意大利国宝级设计师亚历山德罗·门迪尼合作推出的一款全新木地板系列产品。该产品色彩丰富而艳丽，而且还可以像积木一样，用有限的单品进行无限的拼组搭配，形成千变万化的纹样图案。佩尔格拉产品宣传图片如图1-4所示。

图1-4　佩尔格拉产品宣传图片

现在很多企业都看到了这一变化趋势，在产品外观设计上努力迎合“90后”主流消费市场，在色彩搭配上狠下功夫，加强产品的色彩效果，设计出适应市场需求的高颜值爆品。颜值不仅能在功能上给消费者带来良好的第一印象，往往也代表着品位和品质。

（3）有速度

关于这一特征理解起来比较特殊，这里的“速度”不是指快速更新产品种类，也不是实现快速传播，而是指能在最短的时间内快速占领消费者的心智资源。

互联网时代的企业竞争，与其说是产品之间的竞争，不如说是消费者认知上的竞争。消费者对品牌、产品的认知，或者说品牌、产品在消费者心目中“是什么”更加重要。做爆品，最重要的是应马上在消费者头脑中形成独一无二的定位，把握住顾客的“心智资源”，从而改变消费者的消费观念，提高消费者的认知水平。

案例5

支付宝，一款普通的支付工具，截至2017年上半年已有4.5亿用户。庞大的用户量使其快速成长为国内最主要的一种支付方式，并且在未来有可能成为影响经济格局的主要因素。

那么，为什么支付宝能够深受用户青睐呢？除了移动互联网、4G宽带、移动设备等客观条件的成熟和使用起来简单、便捷、安全等自身优势的吸引外。最重要的就是其占领了用户的心智资源，甚至改变了一大部分人的支付习惯，使用户在掏钱消费时首先想到的就是打开支付宝。从这个角度讲支付宝可谓是一款爆品。

无形的思想决定着有形的产品，一款爆品一定要首先占领消费者的心智，这样才能保证消费者在消费时能首先想到你。

（4）良好的体验

互联网时代尊崇“体验”至上，要满足消费者独特的体验，不仅要求产品本身体验好，还要有良好的环境和氛围，更重要的是要有同一圈层的归属感，而这也成了爆品的一个特征。如现在很多书店正在转变经营思路，认为书店不再只承担卖书的功能，还应具有“为读者提供良好文化体验”的功能。

案例6

台湾诚品书店，是图书行业所有书店独一无二的存在。它的最大特色不是卖书，而是文化体验，读者不仅可以买书，还可以感受到各种浓郁的文化，如餐厅区、咖啡厅区、音乐区、画廊展示、戏剧表演，以及很多高时尚的文化产品。到诚品去读书，已经是台湾当地很多年轻人夜生活的一种重要选择。与此同时，诚品书店也是台湾一道亮丽的风景线，一个富有浓重文化特色的符号，很多游客去台湾旅游也会必选诚品书店。

正是有了良好的体验，诚品书店才吸引了如此多的消费者，更重要的是积累了一大批“书虫”“文化爱好者”。那么，如何给用户良好的体验呢？最好的方法就是让用户能够充分参与进来，通过参与产生良好的体验。

打个比方，以往我们观看电影、演艺大都是被动观赏，而现在在互动体验上有着长足的进步，如弹幕影院，观众可以一边看电影一边发弹幕；如沉浸式演艺，观众和表演者没有被明确地分隔开，观众可以按照自己的意愿做出选择并根据选择体验不同的内容。

新消费的一个重要特征就是体验式消费，而体验式消费的核心就是用户本身的深度参与并与内容进行互动，然后产生新的“内容”。

爆品不能局限于被动地给予，还要引导用户参与到内容呈现中来，让用户不单是在接受产品传播，更是在表达自己，感受某一个瞬间的心灵感动。对于新生代消费者来说，心理上的感动比产品本身传递的内容更加重要。

（5）合理的定价

科学、合理的价格策略能迎合消费需求、引导消费，从而满足消费者需求，无论是实际需求，还是心理需求，价格都是一个不可忽视的元素。

价格往往是爆品和普通产品的分界点，合理的价格会让消费者感到物有所值，甚至物超所值。而物有所值或物超所值是所有消费者最关注的，也是最核心的需求，容易促使其产生购买行为。爆品要“爆”，必须制订合理的价格，让消费者感到物超所值。

案例7

某商场A品牌的电饼铛销售价格为200元，另一个B品牌的则为500元。结果A品牌的销量足足是B品牌的两倍，出现这样的结果理由很简单，因为大部分人对电饼铛的心理定价是300元，200元显得太超值了。

物超所值是爆品定价的基本原则，现实生活中有很多产品定价过高，让人望而畏之，注定无法成为爆品。当然，这里的物超所值并不代表低价，更不要误解为就是“让价格低于价值”。我们不搞降价大促销，相反是要真正体现出爆品的价值所在。价值决定价格，价格体现价值，是经济学的铁律。有的爆品定价很高，甚至看似离谱，但依然有很多忠诚消费者，就说明必然有其特殊价值，高价正是对其特殊价值的体现。

案例8

两百万元一只的爱马仕表，近千元一瓶的CD香水。为什么价格如此之高？很多人质疑这种价格策略的可行性，认为不能吸引消费者。事实上是可以的。因为香水、名表、名车等奢侈品卖的往往是品牌价值。消费者考虑的不是价格，而是品牌，包括品牌文化、品牌影响力、品牌知名度。

古罗马作家普布利柳斯·西鲁斯曾说过：“一件东西的价值就是购买者愿意为它支付的价格。”因此，对于爆品，价格的制订非常重要，必须搞清楚目标消费者的购买力、消费意愿，以及愿意为产品支付多少等问题。如果能找到产品的差异化或附加价值，即使价格提高些，消费者同样会感到物超所值。

1.3 产品经理在爆品打造中的职责和应具备的能力

1.3.1 产品经理的职责

爆品由产品经理全权负责打造，一款产品能否成为爆品，或是否有成为爆品的潜质，往往与产品经理自身息息相关。那么，什么是产品经理，产品经理的职责以及其在爆品打造中发挥着什么作用？接下来将对这些问题进行一一阐述。

所谓产品经理（product manager），是指企业中专门负责产品管理的职位，主要职责是负责市场调查，并根据用户的需求，确定开发何种产品，选择何种技术、商业模式等；确定和组织实施相应的产品策略，以及其他一系列相关的产品管理活动；并在整个产品的生命周期推动、协调，研发、营销、运营等不同职能部门、不同岗位人员的工作，保证产品运营各个环节的正常运作。

产品经理是个特殊的职位，可对产品运营的各个阶段进行干预。从产品概念的提出、设计、生产制作，到上市推广、营销，再到其收益、市场份额、利润目标及其售后用户体验等相关工作，无不有其身影。产品经理的职责范围如图1-5所示。

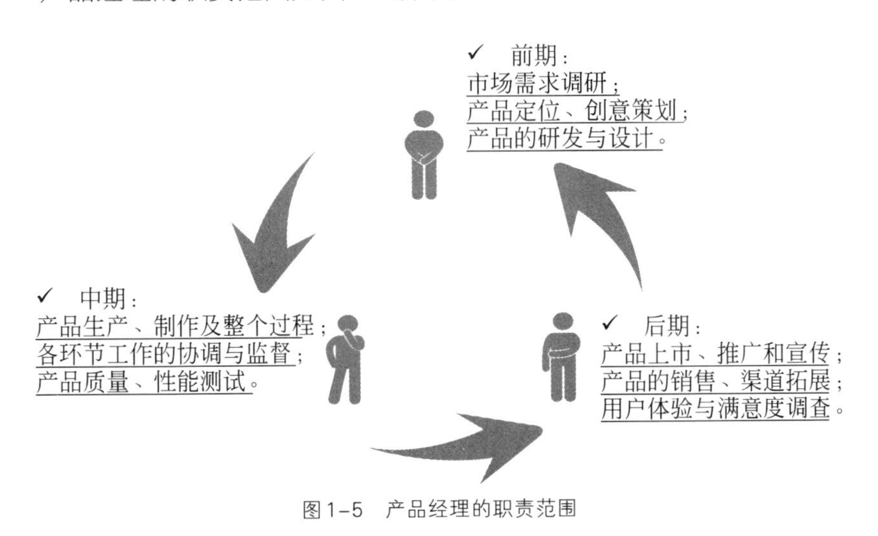

图1-5 产品经理的职责范围

当然，具体的职责与企业所处的行业有关，企业类型不同，产品经理的工作也有所侧重，具体如表1-2所示。

表1-2 企业类型与产品经理职责的关系

企业类型	产品经理职责
快消品企业	侧重于关注产品（生命周期）管理和品牌推广
研发、生产型企业	侧重于关注产品的生产周转率、产品的故障率、推广计划、财务数据等方面
互联网企业	侧重于关注用户价值、用户体验，以及与用户体验相关的所有工作

产品经理作为一款产品的负责人，作用非常重要，肩负着产品的前途和命运。当企业决定成立一个产品项目，产品经理往往就是带头人，负责组织、实施、协调和监督。尽管在很多企业产品经理不直接参与产品生产、制作与销售等具体的工作，但其往往决定着一款产品的命运，因为只要在某一个方面、一个很小的细节考虑不周，或没有与相关部门、相关人员沟通好，做出来的产品存在问题，那么，就可能造成整批产品报废，给企业带来巨大的经济损失和声誉影响。

1.3.2 产品经理应具备的能力

产品的失败，产品经理是“罪魁祸首”，所以，产品经理的工作非常重要，是打造爆品的源头和最基础性的工作。这也从侧面反映出一款产品的产品经理，必须具有过硬的本领才能胜任自己的工作。产品经理应具备的最基本能力有4个，如图1-6所示。

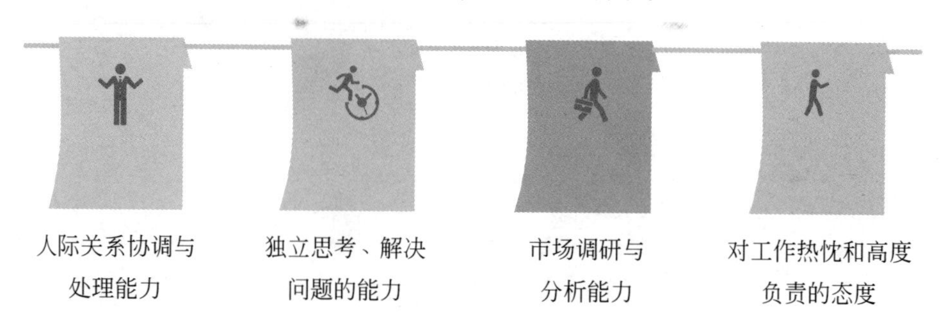

图1-6 产品经理应具备的4个基本能力

（1）人际关系协调与处理能力

在爆品运营的整个过程中，产品经理有个重要角色：协调人员。这是因为一个爆品的打造往往涉及多部门、多人员的配合，而这些部门和人员的配合需要经常沟通和协调。比如，不同部门的领导、负责人的做事方式可能不一样，配合程度高低也不同，产品经理就要学会在恰当的时候和恰当的人谈恰当的问题；再比如，在没有上下属关系的部门和人之间，互动与沟通往往是最难的，这时产品经理就需要能够把这些人各自的想法非常好地传递出去，并说服他们配合去做事。

因此，产品经理应具备的主要能力之一就是人际关系协调与处理能力，能左右逢源，协调好各种人的关系，包括研发、测试、文档、市场、销售等部门。只有解决好各部门、各人员的沟通问题，才能有效地将事情向前推进，保证产品如期推出。

（2）独立思考、解决问题的能力

如果你认为产品经理只是做好各个部门、环节的协调工作就大错特错了。产品经理不仅要做好产品运营的辅助性工作，还担负着很多重要工作，与产品运营有关的很多决定权都在产品经理手中。比如，产品策划过程中，产品经理有独立决议权，这时候需要明确提出自己的观点、意见和建议，并最大限度地影响决策，让团队采纳；再比如，需要满足大客户的特殊要求，提前供货，在一些分歧问题上需要果敢决断等，这时都需要产品经理有独立思考、解决问题的能力。

鉴于此，产品经理有敏锐的洞察力、独立的思考能力，以及关键时候解决问题的能力是一项必备素质，也是体现其自身价值的最核心部分。

（3）市场调研与分析能力

前面提到爆品具有强需求的特性，也就是说一个爆品的产生必须能满足当前的市场预期，切中消费者的痛点。因此，在做爆品前，产品经理必须有一个明确的目标市场，并进行充分的市场调查工作，在此基础上对市场进行定位和细分。通盘考虑产品的价格、渠道、促销、公关、服务等，这些因素将深深影响着产品生产、制作出来后的管理和营销工作。

（4）对工作热忱和高度负责的态度

产品经理对自己的工作要有一份热忱，把产品看作自己的孩子，怀着热情和激情去做事。这种热情决定他是主动地，而不是被动地去做事，是为了不断提升自己的价值和能力。技术可以学习，素质却难以培养，有些素质是成功的产品经理必不可少的。

现如今有这样一群产品经理人，他们对产品有一种本能的热爱，把自己生活中的一切事物都看成产品，怀揣对优秀的产品的热爱和尊重。这份热情是产品经理必备的素质，是他们夜以继日克服困难、完善产品的动力。这份热情能感染团队成员，激励所有人。

02

第2章

思维当先，策略为重——产品经理打造爆品应抓住的两大要点

在产品竞争日益激烈的时代，只有成为爆品，才有可能持续生存。但如何做爆品呢？先要解决思想和执行问题。思想就是思维，解决的是“想”的问题，执行就是策略，解决的是“做”的问题，会想、敢做才能取得最终的成功。

2.1 做爆品的6个思维

2.1.1 痛点思维：在迎合需求的基础上瞄准强需求

人的需求大致可分为三种：刚性需求、附加值需求、强需求。三种需求的迫切程度不同，相对应的消费行为有很大差别。刚性需求是“我想买”，附加值需求是“我要买”，强需求是“我不得不买”。三种需求的关系如图2-1所示。

图2-1　三种需求的关系示意图

（1）什么是痛点需求

能满足消费者刚性需求和附加值需求的产品是普通产品，能满足消费者最迫切需求，让其产生“我不得不买”想法的产品才可称之为爆品。满足消费者最迫切，或超出消费者预期需求的需求往往被称为痛点需求。痛点就是痛苦，即解决消费者感到最痛苦、最敏感的那一部分需求。人们对痛点往往很敏感，找准消费者的痛苦和敏感，戳中其痛点，离成功就不远了。

案例1

如打车问题，对于现代的都市人来说就是刚需，但滴滴打车软件却能找到消费者刚需中的痛点需求：打车难。因为对于打车一族来说，找车是一大难题，想打车却不知道司机在哪里，滴滴打车软件的核心就是解决打车难这个痛点。

再如菜刀，实实在在的刚需，家家需要，也正因为此再好的菜刀也很难成为爆品，因为所有的产品只抓住了用户切菜、剁肉的普通需求，而没有解决用户痛点：菜刀使用过程中经常需要磨。这时，市场上一款陶瓷刀由于很好地解决了这一问题而脱颖而出，这款永远也不需要磨的菜刀成了爆品。

唯有痛点才是消费者最迫切的需求，唯有最迫切的需求才是爆品应该抓住的重点。如果你的产品仅仅满足的是消费者的潜在需求或刚性需求，而不是最迫切的需求，那么也无法成为爆品。因此，企业要想做爆品必须有痛点思维，解决消费者最核心的问题，让消费者不得不购买。

（2）如何挖掘痛点需求，并努力去满足

① 发现需求

挖掘痛点需求必须具有一双慧眼，能“发现”需求。下面就是一些如何发现、挖掘消费者需求的方法，总结起来有以下5个。

a.通过分析行业发展趋势；

b.通过了解消费者的购买能力和规划；

c.通过现场谈话和沟通；

d.通过了解消费者在使用产品的过程中遇到的问题；

e.通过了解消费者在使用竞争对手产品中遇到的问题。

② 分析需求

不同的市场、不同的消费群体，其需求是不一样的。要想使产品成为爆品，让消费者主动抢购，就必须学会站在消费者的角度去考虑他们的需求。只有发现了他们真正的需求，并帮助他们解决问题，你的产品才有可能被消费者接受，成为同类产品中的“网红”。

比如，一个人很口渴，你刚好是卖饮料的，你说：“我这儿有瓶饮料，3元钱。”这个时候他买下的可能性就很大。如果说你要50元钱，对方很有可能就会拒绝，后者会让对方认为为了解决口渴问题，花50元不值得。

所以，在给产品定位时，一定要思考消费者的需求：消费者的真正需求是什么？为什么会有这个需求？我的产品能帮助消费者什么？怎样做，才能让消费者愿意购买？

③ 围绕需求开展工作

其实找到通过什么方法或者哪些渠道宣传并不难，难的是如何找到某部分人的需求，以及挖掘这部分人的购买能力。简单地说，你的潜在消费群体一定要有需求，同时还得具有购买力，两者缺一不可。

一定要围绕消费群体的需求进行分析，不能只是一味强调产品表面化的一些东西，那样的话即使你的产品再好，没有与消费群体的需求结合起来，也是没有价值的，不会被关注，因为跟他们无关。凡市面上的爆款产品，都一定是先以消费者的需求为导向，如心理需求、物质需求；在此基础上，再相应地加入一些其他因素，如包装、服务、价格、设计理念等。

④ 引导需求

很多企业做产品是基于这样一个问题开始的：请问您需要什么？其实消费者很多时候并不知道答案，也无法准确地表达自己的动机、需求和其他思想活动，不完全了解自己的真正需要。

有时是因为问题涉及的内容过于敏感，有时是因为答案会导致被调查者外在形象受损。例如，曾经有家手机厂商为了设计一台老人用的手机，调研了大量老年人对手机的功能需求，包括大字体、紧急呼叫、语音留言等，可当这台为老年人“量身定做”的手机面市以后，却得不到老年人的认可。原来从老年人的角度看，使用这款手机就等于向别人承认自己年纪大、老眼昏花。乔布斯也曾表示：“消费者并不知道自己需要什么，直到我们拿出自己的产品，他们就发现，这是我要的东西。”

很多时候消费者的需求需要引导。也就是说，当消费者已经满足了现有需求时，就要逐步去引导对方的潜在需求，即使对方根本没有需求，也要利用各种条件引导其表达出一种明确的需求。这个时候，当我们再去宣传产品，消费者的接受度就会越来越大。

就像上述例子中的那瓶卖到50元钱的水，如果你不加以引导，消费者很可能就会拒绝购买。相反，如果此时你让对方知道不喝这瓶水的话就会被渴死，当他意识到不喝这瓶水的后果会严重到危及生命时，就会借钱也要购买。

打造爆品的原理也是如此，只要稍加引导，你的产品也会有一个让消费者不得不买的理由。

2.1.2 聚焦思维：集中优势资源，寻求单点突破

互联网时代是一个信息爆炸式增长的时代，但正是信息量的大增使得资源过于分散，形不成聚力。以阅读为例，现在大多数人阅读的状态是在网上，或利用手机刷微信、刷微博、刷各大阅读网站……时间、精力消耗得不少，但并不会让人感觉到充实。与其如此，不如静下心来集中注意力，专门抽出半个小时，或一个小时认认真真读几页书，看一篇文章。

（1）什么是聚焦思维

所谓聚焦，就是将所有优势资源集中起来，关键在“聚”上，提倡把所有精力、时间集中起来去做一件事情，将它做完美。做爆品也是同样的道理，只有集中所有人力、物力、财力优势去做，实现单点突破，才有可能成为最优质的产品。

案例2

世界著名杂志《跑步世界》（runner's world）2016年11月评选出了本年度最好的跑鞋品牌，就像历年评选结果一样Saucony（索康尼）仍名列榜首。

索康尼被称为跑鞋中的“劳斯莱斯”，与大家耳熟能详的知名品牌Nike（耐克）、Adidas（阿迪达斯）、New Balance（新百伦）、Puma（彪马）、Asics（亚瑟士）不同的是，这是唯一一个非知名企业生产的跑鞋。

体育用品市场历来是由知名企业、大品牌们争夺主导，一个普通品牌为什么能长期受市场关注，长期占据着跑鞋榜首的位置？这与这家公司采取的产品策略有关：聚焦策略。索康尼是一家美国专业跑鞋公司，它一反“大而强”的商业模式，转而尊崇“小而精”的策略，只做单品跑鞋。他们深耕于运动鞋细分市场，且是跑鞋中的慢跑鞋。

与此同时，在研发和生产上，索康尼也倾注了其所有的优势。上上下下只专注这一款产品，将所有的能量聚焦在一点，并发挥到淋漓尽致，终于占据跑鞋市场领先的位置。而那些体育用品知名企业，虽然投入很多财力和人力与之较量，但在精细度上仍自叹不如。

目前，每一个行业都几乎处于饱和状态，大大小小的品牌有很多，但基本是被几个大名牌垄断，小品牌和新生品牌根本没有插足的机会。利用聚焦思维，既可以避免同质化，找到市场空白，获得独特优势；又可以避免与同类品牌形成直接竞争。

聚焦是打造爆品的重要思维，投资界有句名言："永远不要把鸡蛋放在一个篮子里。"而爆品打造却恰恰相反，一定要把鸡蛋放在一个篮子里。

（2）聚焦的前提：做好市场细分

为了更好地聚焦，前提是必须做好市场细分，在细分市场里再聚焦，寻找机会。那什么是市场细分？具体该如何做呢？我们来详细了解一下。

① 细分市场的概述和好处

市场细分是企业根据消费者需求的不同，把整个市场划分成不同的消费者群的过程。其客观基础是消费者需求的异质性。进行市场细分的主要依据是异质市场中需求一致的消费者群，实质就是在异质市场中求同质。

市场细分的目标是为了聚合，即在需求不同的市场中把需求相同的消费者聚合到一起。这一概念的提出，对于企业的发展具有重要的促进作用。

对市场进行细分，有利于分析发掘新的市场机会，制订最佳销售战略；有利于小企业开发市场；有利于企业调整销售策略；有利于企业根据细分市场的特点，集中使用企业资源，避免分散力量，发挥自己的优势，取得最佳经济效益。

② 市场细分的步骤

做市场细分首先要对市场进行分割，市场的分割非常重要，如果做不好，即使进行了细分也很难收到好的效果。

对市场进行细分是比较、分类、选择的过程，需要严格地按照流程进行，通常有7个步骤，如图2-2所示。

1. 确定市场范围

企业根据自身的经营条件和经营能力确定进入市场的范围，如进入什么行业，生产什么产品，提供什么服务。

2. 列出市场范围内潜在客户的需求

根据细分标准，比较全面地列出潜在消费者的基本需求，作为以后深入研究的基本资料和依据。

3. 分析这些不同需求，对市场进行初步划分

企业将所列出的各种需求通过抽样调查进一步搜集有关市场信息与消费者背景资料，然后初步划分出一些差异较大的细分市场，至少从中选出三个细分市场。

4. 筛选

根据有效市场细分的条件，对所有细分市场进行分析研究，剔除不合要求、无用的细分市场。

5. 为细分市场定名

为便于操作，可结合各细分市场上消费者的特点，用形象化、直观化的方法为细分市场定名。如某旅游市场分为商人型、舒适型、好奇型、冒险型、享受型、经常外出型等。

6. 复核

进一步对细分后的子市场进行调查研究，充分认识各细分市场的特点，本企业所开发的细分市场的规模、潜在需求，还需要对哪些特点进一步分析研究等。

7. 决定细分市场规模，选定目标市场

企业在各子市场中选择与本企业经营优势和特色相一致的市场作为目标市场。经过这一步，就已达到市场细分的目的。

图2-2　市场细分的7个步骤

③ 确定目标市场

经过以上7个步骤，企业便完成了市场细分的工作，就可以根据自身的实际情况确定目标市场并采取相应的市场策略。为了更好地理解，我们来看一个示例。

以服装行业为例，如表2-1所示，按照服装风格和档次进行划分。

表2-1　服装风格和档次划分

档次＼风格	古典风格	流行风格	前卫风格
高档			
中档			
低档			

以服装档次和风格来细分，这样一个大的市场可分为9个组合。当然，这些组合有的类型不一定存在，这时就需要我们对每一格都做认真的分析、鉴别，给出较精确的结论，先选出认为可以实施的细分项目，即对市场的初步定义。

然后，再看如表2-2所示，按照服装类型和消费者年龄/性别再次划分。

表2-2　服装类型和消费者年龄/性别划分

年龄/性别＼类型	西服	运动装	休闲装	配套产品
青少年（男）				
青少年（女）				
中青年（男）				
中青年（女）				
老年（男）				
老年（女）				

按照第一个表格细分后的类型选出某个细分类型后，再按第二张表格二次细分类型，最终确定所选的目标市场。如男装品牌金利来的定位就是这样，通过两次细分最终确定为：流行风格、高档、中青年、男士西装，以及配套产品。

做爆品，把一两个功能点做透就足够了，不要一上来就想着我要把什么都做好，形成一个闭环，这样的初创团队往往会死得很惨。道理很简单，初创公司的团队能力、资源能力都比较差，你还什么都做，怎么跟大公司，跟其他有资源的公司去拼？

一两个功能点的选择是有讲究的。一定要选用户感知最强，或者用户最刚需的功能点，单点把它做到最透。

（3）判断细分市场价值大小的4个标准

不是任何细分市场都适合做爆品，在对细分市场进行划分后，还需要明确什么样的市场更有价值。一般来讲，以下4个标准决定着细分市场价值的大小。

① 市场竞争状态

判断一个细分市场有无价值，第一个标准就是这个市场的状态，竞争激烈程度，或是否已经有众多强大或者竞争意识强烈的竞争者。具体可从以下5个问题考虑，如图2-3所示。

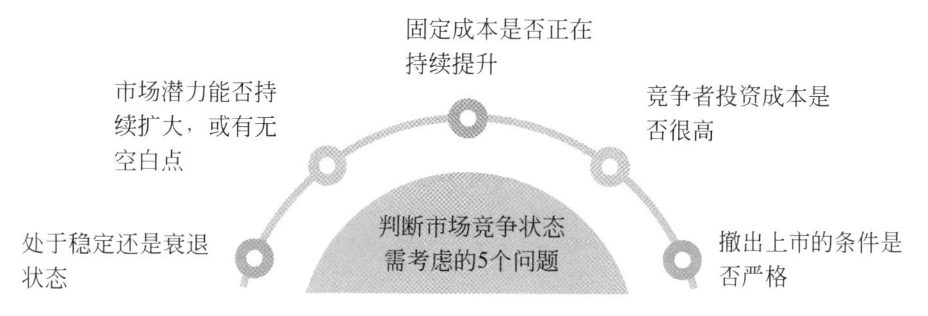

图2-3　判断市场竞争状态需考虑的5个问题

② 有无新竞争者加入

这也是判断细分市场有无价值的重要标准，可以看出该市场的利润潜力和风险大小。假如新竞争者进入市场很容易，则表明这个市场有足够的吸引力；反之，则没有。

需要注意的是，每个细分市场的吸引力根据其进退难易程度会有所区别。我们可从行业利润、风险、进入壁垒和退出壁垒4个维度来分析，4个维度又可根据利润大小、风险大小、进入壁垒高低、退出壁垒高低等进行自由组合，据此来判断一个行业的竞争性大小，如表2-3所示。

表 2-3　判断一个行业竞争性大小的标准

项目		进入壁垒	
退出壁垒		高	低
	高	潜力最大，风险最大，谨慎入场	潜力大于风险，性价比最高
	低	风险大于潜力，性价比最低	潜力小，风险小，基本稳定
	细分市场潜力和风险		

进入壁垒越高、退出壁垒越低的细分市场越有吸引力。如果进入与退出的壁垒都很高，则代表这个市场利润潜量非常大，但同时风险也很大；因为经营不善的公司无法安然撤退，必然坚守到底。如果两者均较低，则获得的报酬虽然稳定，但是不高。而最没有吸引力的市场就是进入壁垒低、退出壁垒高的细分市场。

③ 有无替代产品

判断一个细分市场有无价值的第三个标准是“这个细分市场是否存在着替代产品或者潜在替代产品”。因为替代产品会对细分市场内价格和利润的增长进行限制，面对这种情况，企业需密切注意替代产品的价格趋向，一旦某个替代产品行业的技术得到发展或竞争日益激烈，其利润和价格就会受到极大影响。

④ 购买者的消费力

判断一个市场有无价值的第四个标准是“这个细分市场中的购买者的消费力是否很强或正在增强”。因为购买者的消费力直接决定着产品销量，同时还决定着产品质量与服务方面的要求，同时让竞争企业之间相互争斗，而企业的利润就会受到损害。

2.1.3　极致思维：专注产品，给用户超预期体验

利用痛点思维找到用户的痛点后，就要把这个点做到极致，给用户超出预期的体验，让用户对产品产生“离不开、舍不得、放不下”的依恋。这就是我们说的极致思维，这是一个关于产品和服务体验的思维，只有做到了极致，才能赢得用户的“芳心”。

互联网时代“产品为王”“体验至上”，没有高品质、高体验的产品，单纯依靠噱头炒作吸引眼球引发的销售一切都是假象。而在打造产品、打造体验上，必须用到极致思维。只要有极致的产品和体验，

消费者就会自动自觉地去传播。

苹果每年只做一款手机，市值相当于微软、谷歌、脸谱网和亚马逊4家公司的市值之和。小米每发布一款新品，完全不用大范围地去投放广告，也会人人皆知。这就是由于他们的产品做到了极致。引用小米科技创始人雷军的话说就是，“极致就是做到自己能力的极限，把自己逼疯，做到别人达不到的高度”。

当一款产品做到了极致自然会产生溢价，而它的高溢价正是爆品引爆市场的集中体现。最具代表性的就是爆品面条——手工空心挂面。

案例3

《古尖上的中国2》曾做过一档“手工空心挂面”的节目，节目中的空心挂面以其极端的制作工艺给人留下了深刻的印象。空心挂面的制作过程可谓是精雕细琢，一丝不苟。面粉必须用最贵的河套雪花粉，老鸡熬汤必须超过5小时，西红柿必须发酵，上桌时面汤的理想温度为57摄氏度。同时还有一个挑战人类极限的做法，即鸡蛋必须要足够圆。如果说，老汤、西红柿、汤的温度都在人为控制范围内的话，那么，鸡蛋圆不圆可就有点强人所难了，有人开玩笑说这是在为难老母鸡。

就在很多人的鄙夷神情中，空心挂面的价值显现出来了。2014年7月，全国最大的西北菜餐饮集团西贝莜面村，宣布以600万元的价格买断《舌尖上的中国2》里的张爷爷挂面，并在其全国门店推出了号称“张爷爷家原汁原味”的酸汤挂面。从张爷爷家“搬”过来的酸汤挂面让空心挂面一夜之间火了。

据统计，从上市到2014年8月底的短短两个月，这碗挂面就卖出了100多万碗，销售额突破1700万元；至此，一年销售一个亿已成定局。原本就天天排队的西贝莜面村，现在队伍排得越来越长。部分门店对挂面销量始料未及，节假日和周末时有断货。“今天沽清了，只好明天再来，有一起的不？”大众点评、微博上各种留言，张爷爷挂面在社会上迅速走红。

手工空心挂面的爆红充分体现了爆品极致思维的重要性，挑剔的、几近苛刻的制作过程，不是极端、不是偏执，而是一种对完美的追求。

极致思维，是做爆品应坚持的一个重要原则，也是产品寻求突围的重要思想武器。

那么，我们该如何实践极致思维呢？要解决这一问题，就必须知道所谓的“极致”集中体现在哪些方面。具体来讲有以下几个方面。

（1）对产品给予高度“专注”

专注，就是一门心思对某件产品进行关注、钻研。专注，这两个字看似简单，实则坚持起来非常难。过去十几年，很多企业往往会将精力投放至多个领域，或多个项目同时进行，追求大而全。然而，在互联网时代，随着人们需求的多样化、个性化，这种策略逐渐行不通，取而代之的是小而美。企业要想立足，必须在某个单一领域、单一项目上取得突破，成为爆品，然后再通过爆品来带动其他产品。

如娃哈哈，几十年坚持做饮料，正如宗庆后所说，“我这辈子只能做好饮料，做别的不行，也没精力”；吉列，98%的关注度在剃须刀上，旗下有化妆品品牌但微不足道。丰田公司一直涉足地产业，但始终以“汽车制造”为主。

值得注意的是，对产品的关注表现在每个环节、每个细节上，包括研发、生产、上市、营销等，千万不可顾此失彼，有失偏颇。只有对每个环节、每个细节都给予关注，才能提升专业度，让产品全面提高。

互联网世界里只有第一，没有第二；要么第一，要么做唯一。互联网时代是一款产品过剩的时代，大多数产品供大于求。当市场趋于饱和，企图依靠产品数量已经很难打开市场，必须专注，精雕细琢，做出特色。

（2）做出超用户预期的产品

极致思维要求不仅仅是做到“好”就够了，而是要做到“足够好”，超出用户预期。只有超出用户预期的产品，才能成为爆品，在众多“好产品”中一枝独秀。如果产品做得很好，但没有超过用户的想象，那么也不算是极致。

案例4

“三个爸爸”空气净化器从“净化空气”的角度看，可谓是足够

好，但与其他品牌相比它并没有特别大的优势，因为任何净化器都具有净化空气的功能。如何开发出更多、更特别的功能，为用户提供超预期的服务呢？

对此，策划方采用了极致思维，他们从最初定位的十几个功能中，重点提炼出两大功能：除PM2.5和甲醛，并进行优化。这算是抓住了用户的痛点需求，因为随着空气污染日益加重，PM2.5越来越多，各式各样的家具也会释放出不同程度的甲醛，这两大污染受害最大的是婴幼儿，也是所有爸爸最关心的问题。

因此，当三个爸爸提出可把PM2.5值降到0，甲醛除到最干净时，引导了大众对空气净化器的新认识：原来空气净化不仅仅净化空气，还可除污染、去甲醛。

结果尽管很多消费者对这款产品的外形有诟病——体积非常庞大，但似乎并不是很在意，因为人们最关心的是它的两个功能是不是真有用，能不能达到预期效果。

从上述案例中，不难总结出极致思维的另一个重要体现：互联网世界里产品不能过于常规化，一款产品必须要有一个爆款功能，以达到打破用户预期的目的。

（3）保持产品品质的稳定

保持对产品的高度“专注”，为用户提供超预期体验，并不是说在某一特定时期做好就万事大吉了，而是要长期做、坚持做。有的产品在初期做得非常好，但在中后期却开始“反水”，有的人甚至认为只要做好开头就好了，只要有了敲门砖，往后的路就一马平川。

其实不然，一个品牌、一款产品在消费者心目中建立好印象难，但破坏一个好印象却相当容易。想在消费者心中有个好印象，必须将“极致思维”坚持到底，任何时候都要奉行“做精、做细、做到极致”的原则。

在国内辣酱产品中，老干妈无疑是最受欢迎、最具影响力的。数据显示，2016年这个8元左右的佐餐酱品，平均每天的销售量达到130万瓶，一年的营收额高达40亿元。更令人惊叹的是，老干妈辣酱在不做推销、不打广告、没有促销的情况下，却做到了“有中国人的地方就有老干妈”，成为市场中的一道“奇景”。

究其原因，则要归功于老干妈品牌对极致思维、“极致”法则的深刻理解，多种方式协同发力，将老干妈辣酱打造成了一款超级“爆品”。众所周知，佐餐酱品是一个低门槛、易模仿的产品，但老干妈却通过严格把控原料，深耕产品品质，为消费者创造极致的用户体验，从而成功建立了自身的竞争优势壁垒。

原材料的优劣直接影响着酱品口味，老干妈辣酱高人一筹的独特口感源于其对原材料的严苛把控。老干妈辣酱的原材料是曾获得过出口免检的遵义辣椒，创始人陶华碧在与当地农户的合作中也严格把关，使辣椒供货商不敢有丝毫马虎；同时，当地提供的辣椒要一只只全部剪蒂后才能分装运送，从而保证了原料中没有任何杂质。老干妈更是投入大量资源、财力与当地合作建立了无公害干辣椒基地和绿色产品原材料基地，从而打造出“企业+基地+农户”的产业链条，从上游增强对产品原料的把控。

做出高品质的辣酱产品对很多企业来说并非难事，关键是能否保证产品品质的稳定性，使消费者无论何时何地购买，都能尝到始终如一的味道。显然，老干妈辣酱多年来始终如一的优质口味，高度稳定的产品品质，为其带来了其他企业无法比拟的市场竞争力。

2.1.4　场景化思维：为用户搭建高体验消费场景

提到场景化很多人肯定不会陌生，在目前多元化的消费时代，场景化已经非常常见。为给消费者提供最佳的购物场景体验，大型超市会对货源进行图片、视频展示。如在白菜、土豆等蔬菜区展示货源地，并特别注明“无公害、纯绿色，零渠道采购，从农民的‘菜园子’到市民的‘菜篮子’”等。

有些电商还会开通直播，与消费者进行互动，甚至利用多种激励措施，鼓励消费者与消费者直接互动等。

为什么这样做？目的就是营造一个场景，前者是“现场采摘”的场景，后者是“抢购”场景。这些场景由于在很大程度上迎合了消费者的消费心理，因此能大大促进产品销售。但现在受困于时间、空间距离等客观条件限制，很多实际场景无法实现。如城市和农村、线上和线下等，一线城市的市民亲自到农村买菜的机会不大，年轻人在线下消费的机会也越来越小。因此，很多企业就开始利用场景化思维，构造一个虚拟场景，让消费者产生“当场消费”的情感共鸣。

如在蔬菜区张贴农场海报，播放农民现场采摘的视频，就会让消费者产生“蔬菜是现场采摘的，新鲜、安全、健康”的印象；电商直播时消费者热火朝天的讨论、发言，同样会给消费者营造出“线下排队抢购”的现象，实景截图如图2-4所示。

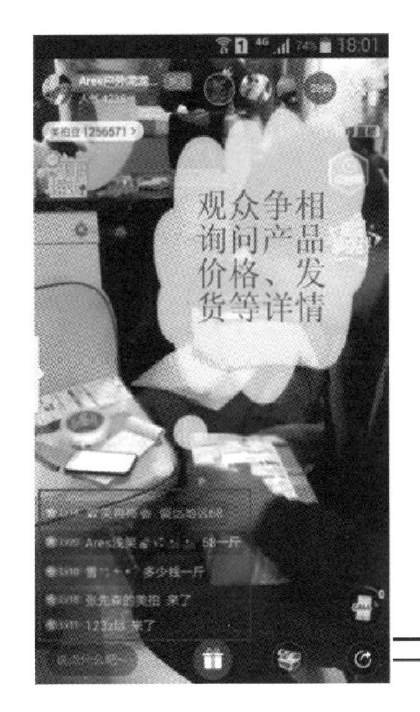

图2-4 线上线下“抢购”场景示意图

这些场景可以让消费者在感受和体验环境的同时，形成对产品的独特认知，从而产生购买行为。久而久之，就形成了一种惯性思维，成为促使消费者形成某种行为的潜在力量。所谓场景化思维是指从用户的实际使用角度出发，将各种场景元素综合起来的一种思维方式。

企业打造爆品必须有场景化思维，甚至在构思和设计产品原型时，就要考虑到用户场景，在脑海中思考用户在不同场景下的需求能否被满足，该如何满足，以此来进行需求的初步筛选。

案例5

蒙牛纯甄曾做过一次“我的纯真年”的营销活动，主打怀旧牌，在这场活动中，蒙牛为消费者营造了一个童年时期过春节的场景。

“每个人辛苦忙碌讨生活的现世，年味越来越淡，那些熟悉的民俗乡情渐行渐远，小时候熟悉的过年场景无处寻觅、无处安放，这是中国人的乡愁，是他们情感深处最不可名状的痛点”。

“我的纯真年”通过内容定制化：用户参与互动选择符合个人新春记忆的画面，随后程序会依照个人点选的界面生成活动展示页，“欢迎进入××的童年回忆”，配合着人人皆不同的内容承载，独一无二的回忆呈现成为campaign活动最核心的亮点。

春节，是中国的传统新年，也是很多企业、品牌策划营销活动非常喜欢利用的一个场景。以团圆、回归、童年、回忆为切入点洞察春节期间的用户需求。从场景营造的角度来看，“我的纯真年”不可谓不独到，中国人心底最柔软的部分被瞬间击中。

在消费升级的大环境下，人们对空间、时间的体验空前提高，消费场景化成为企业做爆品的一个重要思维。尤其是在电商、微商渠道，营造消费场景已经成为常态，Wi-Fi、二维码都为场景的营造提供了便利条件。

如商场、超市、酒店等公共场所都开通了Wi-Fi接口，为消费者提供免费Wi-Fi网络，目的就是通过场景进行广告推送、内容运营、商家服务等。再如一些餐饮店，在食客等菜时，提供二维码场景，食客可以扫描二维码，了解餐厅餐食，玩个小游戏，拿个代金券，再发一下朋友圈。

现实生活中，消费场景无处不在，因此，企业在打造爆品时也必须有场景化思维，让产品自带场景，给消费者以独一无二的消费体验。否则，即使产品质量很好，价格很优惠，却也很可能由于没有特定的消费场景来刺激和感染，使消费者的消费欲望很难被激发出来。

所谓场景消费是指将消费者与消费时间、消费空间、心理感受和动态行为置于相应的环境中，以充分调动消费者在视觉、听觉、触觉、感觉等上有一个综合感受的消费体验。场景在人脑中的关系如图2-5所示。

通俗地讲，就是消费者在什么时间，什么地点，使用了什么产品，有什么感受（视觉、听觉、触觉、感觉等其中之一或全部），最终产生了什么行为。

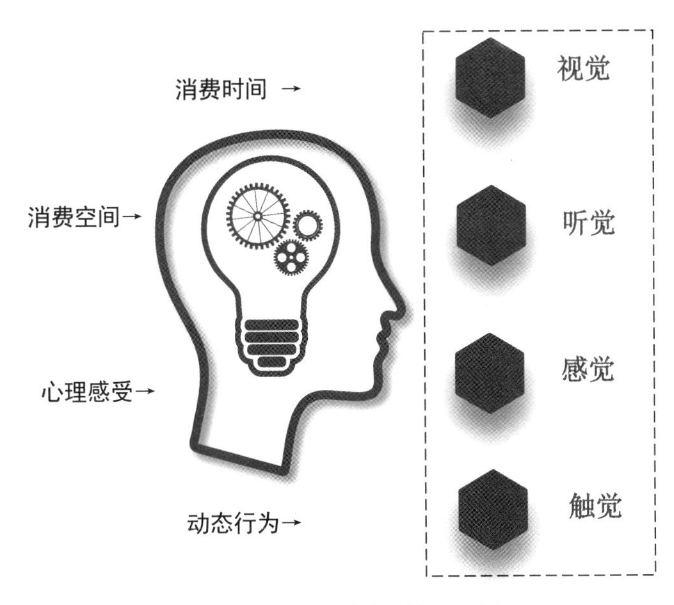

图2-5 场景在人脑中的关系示意图

纵观那些爆品，它们一定是具备这几个场景要素的，如肯德基推出的“手机自主点餐”APP，这是基于排队“场景”而做的，具体如表2-4所示。

表2-4 肯德基手机自主点餐场景消费要求

产品	参与者	时间	空间	心理	行为
手机自主点餐	就餐者	早、中、晚就餐时间	店内	省时省力，不排队	打开APP，使用APP

再如，三个爸爸空气净化器，具体如表2-5所示。

表2-5 三个爸爸空气净化器场景消费要素

产品	参与者	时间	空间	心理	行为
空气净化器	孩子的父亲	空气质量不好时	家里	不能让孩子受到PM2.5的毒害	打开空气净化器，选择合适的风速、定时

不具备以上要素的产品无法成为爆品。真正的场景化，是消费者看到场景后会激发自己的需求点，感同身受，产生共鸣，从内心去接受产品。其实场景化的核心目的不是直接销售，而是流量变现，其内在逻辑是将线下场景转化为线上流量，使线上流量促成销售或是传播。想要做好场景化营销，关键是在对的时间、对的地点给消费者提供对的、有效的信息。

2.1.5 迭代思维：在试错中不断优化和完善

迭代思维是关于产品创新的一种思维，也就是说，当产品出来后总会存在这样或那样的缺点和不足，这时就需要对它们进行优化和完善。没有一款产品是十全十美的，很多爆品上市后，都要经过用户的反复验证，才知道哪些地方需要改进。

爆品是允许出现缺点的，关键是要不断优化，在持续的迭代中完善。

案例6

如微信，作为一个社交工具类爆款产品受这么多用户追捧，也是不断完善起来的。从最初的1.0版（2011年）到2014年的6.0版，4年时间更新了6个版本，还包括每个版本下的细分更新，每次更新都会增加一些新功能，针对存在的不足进行调整。

接下来，来看一下微信发展历程中的几个重要阶段。

2010年10月，微信由深圳腾讯控股有限公司筹划启动，由腾讯广州研发中心产品团队打造。

第一阶段：1.0测试版，2011年1月21日

该版本针对iPhone用户发布，支持通过QQ号来导入现有的联系人资料，但仅有即时通信、分享照片和更换头像等简单功能。在随后的1.1、1.2和1.3三个测试版中，微信逐渐增加了对手机通讯录的读取，与腾讯微博私信的互通以及多人会话功能的支持。

第二阶段：2.0版本，2011年5月10日

该版本新增了Talkbox这样的语音对讲功能，使得微信的用户群第一次有了显著增长。2011年8月添加了“查看附近的人”的陌生人交友功能，用户达到1500万。

第三阶段：3.0版本，2011年10月1日

微信发布3.0版本，该版本加入了“摇一摇”和“漂流瓶”功能，增加了对繁体中文语言界面的支持，并支持港、澳、台、美、日五个地区的用户绑定手机号。

第四阶段：4.0版本，2012年4月

将微信推向国际市场的尝试，为了微信的欧美化，4.0英文版更名为“Wechat”，之后推出多种语言支持。2012年7月19日，微信4.2版本增加了视频聊天插件，并发布网页版微信界面。2012年9月5日，微信4.3版本增加了摇一摇传图功能，该功能可以方便地把图片从电脑传送到手机上。这一版还新增了语音搜索功能，并且支持解绑手机号码和QQ号，进一步增强了用户对个人信息的把控。

第五阶段：5.0版本，2013年8月5日

2013年8月5日，微信5.0上线，“游戏中心”“微信支付”等商业化功能推出；2014年1月28日，微信5.2发布，界面风格全新改版，顺应了扁平化的潮流；3月，开放微信支付功能。

第六阶段：6.0版本，2014年9月29日

该版本主打三个功能，新增的分别为：“小视频”功能、微信钱包手势密码、游戏中心改版等，如图2-6所示。

微信
版本 6.0.0，41.8 MB
2014年9月29日
- 微信小视频：在聊天或朋友圈拍摄一段小视频，让朋友们看见你眼前的世界
- 微信卡包：你可以把优惠券、会员卡、机票、电影票等放到微信卡包里，方便使用
- 现在可以给微信钱包设置手势密码了
- 游戏中心全新改版

图2-6　微信6.0版本更新通知截图

微信的更迭非常快，相信日后仍会有更多新版本、新功能面世。从微信不断更新迭代的过程可以看出，一款产品从上市到最终框架成型，就是根据用户体验、反馈来不断完善，不断试错的过程。其实，任何产品都是这样，这是主观和客观需求共同决定的，具体内容如图2-7所示。无论是产品本身的需求，还是市场变化的需求，都必须根据实际情况循序渐进，逐步改进。

迭代思维的核心是快，在最短的时间内要将产品推出来。微信就是以快制胜，当类似软件在市场上刚刚起步的时候，腾讯就嗅到了商机，Kik软件推出没多久，腾讯就召集团队进行开发，仅3个月之后就推出

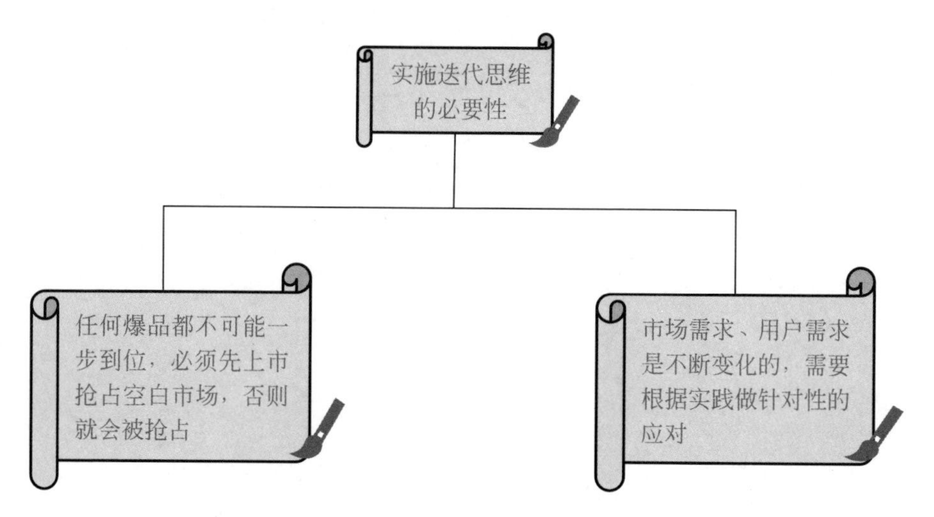

图2-7　实施迭代思维的必要性

了第一版，短短的4个月后迅速推出了2.0版。其次就是不断迭代的3.0版、4.0版、5.0版……

“快”是迭代思维的根基，首先必须通过“快”来解决问题；其次再通过不断优化来完善产品。在互联网、移动互联网时代，每个产品的第一版本都是最简单、存在重大缺陷的，一方面是因为大家都在争分夺秒地推出产品，谁先成功地推出产品，谁就有机会成为这一领域的“领头羊”；另一方面是为了先打造产品的主要功能，在验证主要功能的同时，再逐步开发次要功能，或对细节做修补，可以极大地降低风险，节约成本。

综上所述，迭代思维在爆品完善、创新过程中发挥着重要作用。迭代思维说起来很简单，就是快和重复，但如果要运用真正的迭代思维需要做的还远不止这些。“快”是迭代的必然要求，“重复”不过是迭代的表现形式，迭代的真正内涵是升华、是积累、是总结、是量变到质变再到量变的过程，每一次迭代都是站在新的起点上再开始的。那么，如何利用好迭代思维呢？需要把握好以下3点。

（1）快速更新，及时完善

有很多产品上市时尚处于“半成品”状态，半成品不可怕，最主要的是更新要及时，给用户以积极的期待。最可怕的是停滞不前，有的产品就是因为更新速度慢，用户体验长期没有改进，导致用户耗尽了耐心，不得不抛弃。

其实，用户是非常宽容的，他们发现一款产品不足后很多时候并不会直接放弃，而是会有所期待，希望一段时间后成为自己希望的那个样子。因此，对于企业来讲，要充分利用好这段时间，加快更新步伐、快速优化、及时完善。尤其是上市初期，就像微信的前3个版本，更新速度是非常快的，平均3个月一次，每个版本下的二次更新更是快速，有的几天就一次。

（2）小处着眼，渐进式创新

对产品进行优化和完善，一定要从“小处”着手，而不是大幅整改，更不能改变整个产品的框架，改变产品的价值，颠覆用户对产品的已有认知。

要从小处着眼，就是为了不改变产品的本质，只有坚持最初的想法迭代才有意义，否则，连方向都搞错了那再怎么迭代，得到的结果也不会太好。因此，每次迭代前要考虑做这款产品的初衷是什么，主要功能是什么。在这个前提下，再对次要功能和细节做创新。例如，开发某款APP，一定要搞清楚所开发的APP是否有价值，是否能开发出来；在确定价值性和可行性之后，迅速投入开发，并在最短的时间内上线第一版。

（3）紧跟用户反馈

用户的反馈信息是迭代的重点，没有用户的反馈，迭代出来的结果可能一点价值也没有。因此，当产品存在不足时一定要紧跟用户的反馈，了解用户的需求点在哪里，然后针对这些需求点进行完善和优化。

微信第一版推出之后收到了众多的用户反馈，腾讯方面也积极对产品进行升级打造，有了第一版的经验之后，迅速推出了1.1版、1.2版、1.3版三个版本，不断增加功能。每一次产品推出之后腾讯都会着手下一版本的研发，有些功能甚至在前一版本就已经想出来了，但是为了用户体验会推迟到下一版本中。

2.1.6 圈子思维：构建圈子，让产品进行自传播

做爆品，不但要能够把产品做出来，还要有能力，或有实力大面积地推广，让更多消费者知道产品的存在，使用到产品。传统做法是铺天盖地做广告，如纸媒广告、电视广告、网络广告、新媒体广告等。

而对于爆品来说，这些方法往往很难在短期内见效，通常会采用一种更直接的方法：构建社交圈。利用圈子营造一种产品文化、消费文化，增强消费者对企业的情感和黏度，培养用户对产品的信任。

“物以类聚，人以群分”，人因职业、兴趣、爱好、收入等的不同会形成不同的社群，如金融白领群、驴友群等，这些以某一共同特征而形成的社群更容易形成相对稳定的需求，形成对产品的一致认识。

案例7

如现在很多企业开始打造高端地产项目，目标人群是那些收入高、社会地位高的人。收入高、社会地位高的人，需求也必定会高。普通地产项目无法满足他们较高层次的消费需求，如召开行业会议、朋友聚会，或其他社交等。对于这些需求他们往往会选择一些高端、私密的场所，而风景优美、安静的别墅、豪宅则成为首选。

在这种背景下，地产企业开始打造针对这部分人群的高档别墅项目。如万科·17英里、万科·兰乔圣菲、广州星河湾、北京星河湾以及贵阳山水黔城等。顶级豪宅是根据消费层次来确定目标客户群，通过满足这一人群的多样化、个性化需求来达到推销的目的。

打造一个人人皆知、具有高影响力的爆品，必须先构建圈子，微信、微博、自媒体平台等都为社交圈的打造提供了便利条件。

案例8

星巴克咖啡是白领们趋之若鹜的场所，原因在于不但能喝到口味纯正的咖啡，还有着令人神往的社交体验。星巴克（美国）做社群营销可谓是炉火纯青，他们在Twitter（推特）、Instagram（照片墙）、Google+（谷歌+）、Facebook（脸谱网）等多个平台上都构建了用户圈。官方经常会在圈子中发布新品上市、促销优惠、公益活动等信息，激励消费者参与。

如星巴克曾在Facebook上发布了一款新品上市的信息，圈子中的老客户会在第一时间给予关注、了解信息、领取优惠福利、直接消费；同时也会纷纷转发、分享，让更多圈外的人看到信息，通过这样的口碑传播，产品信息往往会形成自传播，对提升新品知名度、销量大有裨益。

星巴克还经常在圈子中发起公益活动，动员用户献爱心，贡献自己的一份力量。如美国曾遭遇大风雪，星巴克当时在Twitter上推出了在寒冬中握着热咖啡的广告。

星巴克充分利用社交圈，取得了知名度的树立和业绩提升的双丰收。

互联网，尤其是移动互联网技术的成熟与大范围运用，使社交圈的构建成本越来越低，在成员的吸纳上也越来越容易。如论坛、微博、QQ群、微信群、微信公众平台等，从构建到运营基本上都是免费的。

圈子十分适合爆品的宣传、推广，具有传播时间快、效果明显、营销成本低、针对性强等优势。具体表现在以下6个方面，如图2-8所示。

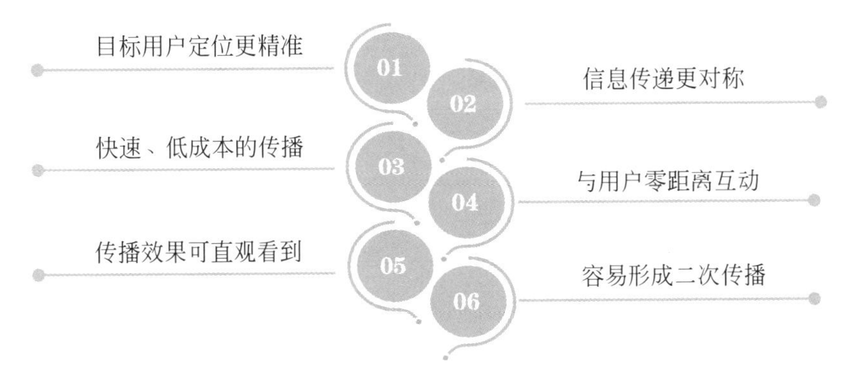

图2-8　圈子营销的优势

需要注意的是，构建圈子还需要注意“圈层”，所谓圈层就是用户需求的差异，目的是让不同层次的消费者能购买到不同的产品，享受到不同的产品。圈层可分为内圈层与外圈层，不同圈层的消费者需求也有所不同，如图2-9所示。

打造圈子既要关注内圈层，同时也要注重外圈层，产品的物质层面——价值构造是围绕内圈层来进行的，而精神层面的附加值则很大部分是通过外圈层完成的。这些附加值在产品运营和营销中都起着重要作用。所以我们经常看到一些奢侈品、高端产品往往会利用圈子营销，这也是圈子思维的一种重要运用。

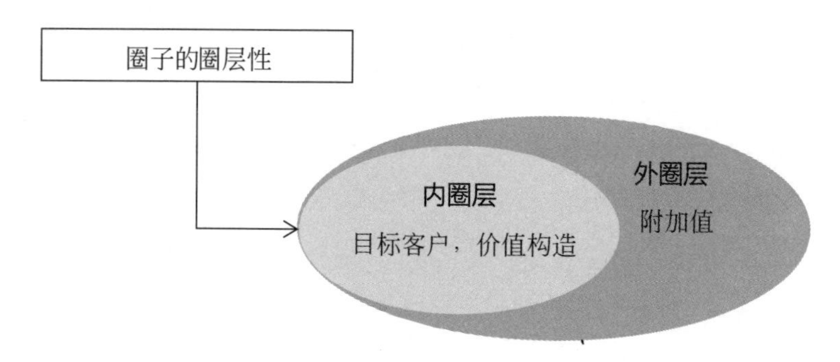

图2-9　不同圈子消费需求划分

圈子与爆品的结合，产生的附加值更大，一是借助圈子口碑可使产品、品牌信息得到有效传播；二是圈子可作为一种维护用户关系的手段，促进消费者重复消费。

2.2　做爆品的4个生存策略

2.2.1　产品定位策略：一句话告诉消费者你是谁

一款产品要有明确的定位，只有有了明确定位才能在市场中站稳脚跟，有方向感。否则就会很快迷失，被淹没在产品竞争的浪潮中。有很多产品刚一上市便石沉大海，就是因为定位不准。

（1）什么是产品定位?

所谓产品定位，就是根据用户需求的特点，让自己的品牌、产品在消费者的心智中占据最有利的位置，并成为某个类别或某种特性的代表。如谈及碳酸饮料大多数人首先想到的是可口可乐，谈及搜索引擎就会很自然地想到百度、谷歌。提及手机，就会想到苹果、小米、华为等，这就是产品定位的最高境界。

“定位”理论，1972年由美国人里斯和特劳特提出，此理论提出后很快便成为全世界广告人和营销人的重要理论，也是每个企业必须修炼的重要一课，2001年更是被誉为“有史以来对美国影响最大的营销观念”。

产品定位是打造爆品的第一步，要想打造爆品必须对即将生产、投入市场的产品进行一番定位。对产品的定位包括对自身的定位、对市场的定位、对消费者的定位，以及对营销、推广策略的定位。因此，一款产品最终如何定位，定位成什么样子，通常既要受到产品本身的影响，也要受到外部因素的影响，如市场竞争、用户心理等，具体内容如图2-10所示。

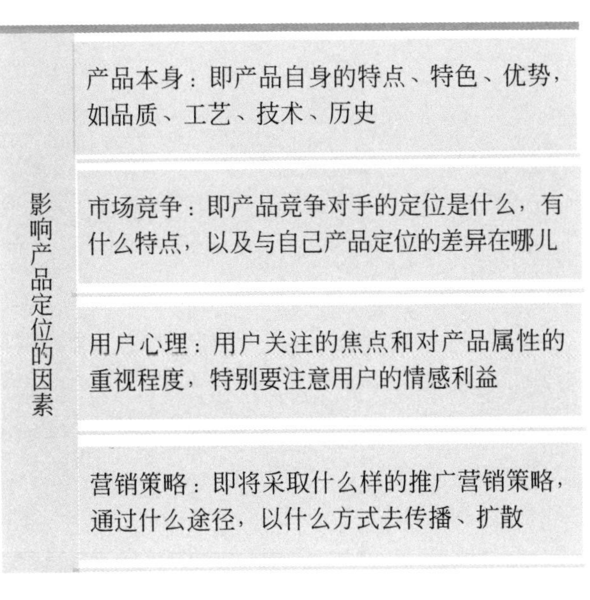

图2-10　影响产品定位的因素

（2）产品定位要解决的4个问题

产品定位的4个核心问题，如图2-11所示。

图2-11　产品定位的4个核心问题

① 我是谁

“我是谁”是对产品最基础的定位，是为了让每个消费者都明白这个产品是什么。为了更好地理解如何用一句话来描述产品，以京东商城为例进行分析。

案例9

京东商城作为消费者常用的网上商城，定位非常明确，一切以消费者利益为核心。其定位为：“多、快、好、省，只为品质生活”，而这短短的一句话包括了5层意思，具体如下。

a. 多——产品种类丰富；

b. 快——送货速度快；

c. 好——产品质量高；

d. 省——能给用户带来高性价比的产品；

e. 这一切的目的就是为用户打造品质生活。

在描述“我是谁”这个问题上，语言必须要简短、有力，简明扼要，同时要抓住要点。不求说出产品全部优点，但求说出异点。同时要有针对性，能针对目标消费者关心的问题和他们的欣赏水平，引起消费者共鸣，让消费者切身感受到产品的优点。

② 目标消费群体是谁

要明确目标群体是谁，谁会购买你的产品，这是产品定位中需要重点解决好的关键问题。且这项工作一定要在产品投入市场前做好，明确目标群体有利于对产品做更精准的定位策划。

定位目标群体又叫作为用户画像，即寻找、总结用户特征，明确用户是什么样子的，如年龄、性别、爱好、地理位置等。

例如在推出一款新产品时，一定要先根据这个产品画群体像：用户是男性还是女性？如果是女性又是哪个年龄层的女性，是80后、90后还是00后？主要集中在哪些地区，一线城市还是二三线城市？

经过这样的勾勒，一个明确的用户画像就出来了，然后再按照目标群体去打造产品就会更符合用户的口味，要知道80后和00后的喜好是完全不一样的。

案例10

小米手机的目标群体定位非常准确，即针对“发烧友”而设计，尤其是在初期，完全体现这些特殊爱好者的需求，并最大限度地争取他们的参与。这类群体的人都是特殊爱好者，一旦对某个事物产生兴趣，就会非常忠诚。小米的高性能、高体验深深地吸引了这批人。事实证明，这部分人也成为小米手机最忠诚的消费者、传播者，为小米后面的发展，占领市场奠定了坚实基础。

小米手机之所以取得如此大的成功，主要原因就是对目标群体的精准定位，赢得了大量忠诚粉丝，并集中力量满足这部分人的需求。

③ 能为用户带来什么好处，或解决什么问题

产品的核心目标，即能解决用户什么问题，明确产品的效用价值。对这一目标的定位是产品定位的重要一步，也基本可以奠定做爆款产品的基础。

核心目标的定位通常依赖于两点，一个是产品的物理属性，另一个是目标消费者对产品的需求、偏好。如图2-12所示。

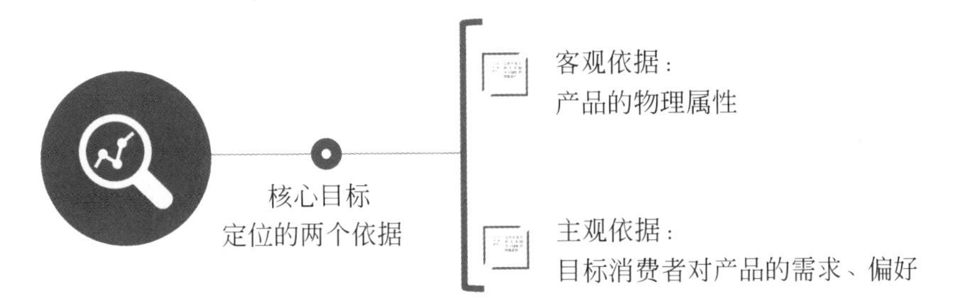

图2-12　核心目标定位的两个依据

产品的物理属性通常是核心目标定位的客观依据，不受人为因素和外部环境的影响，因此，当根据产品的物理属性来定位目标时，只要按照产品的功能、外观、用途等客观分析、评估即可，如一件羽绒服，它的属性就是保暖御寒；而一款装饰品的属性则是美化环境、提高品位。

目标消费者的需求、偏好往往是核心目标定位的主观依据，既然是主观就有很大的弹性，会经常受当事人心理、外部因素等变化而变化。因此，当根据产品目标消费者来定位核心目标时，就要视情况而定，

紧紧围绕需求进行。如果目标消费者对产品需求较少，最好只选择单一性来定位，而且是竞争品所不具备的。如果目标消费者对产品的需求、偏好有很多种，且呈现出多元化、个性化趋势，则可以综合性定位。

如大众点评网、京东都是非常优秀的电商平台，但它们的定位完全不同。大众点评网的目标定位比较单一，以团购、点评业务为主。在创办之初连团购业务也没有，就是满足“用户对各大餐饮店的评价”，后来随着用户的增多，需求的扩大，才逐步增加团购业务。

而京东，它的核心目标定位就是综合性的，旨在为用户解决多方面的问题，业务囊括零售、物流、众筹、金融理财等多品类。

④ 这些需求如何实现

在确定企业提供的产品和目标群体需求之后，需要设计一个营销组合方案，并确保这个方案的实施。这不仅能够保证产品定位更加完善，也是产品价格、渠道策略和沟通策略有机组合的过程，确保产品上市后能畅通无阻地到达消费者手中。

营销组合通常包括4个方面，如图2-13所示，具体内容会在后面的章节陆续讲到。

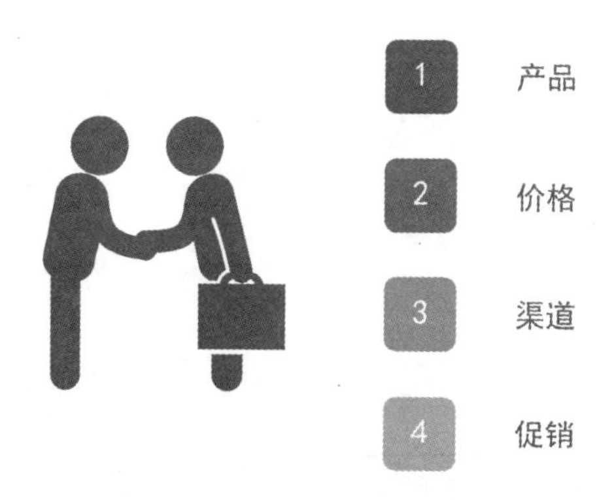

图2-13　营销组合包括的4个方面

解决营销定位问题，能帮助企业解决营销组合问题。不过在有些情况下，营销组合也需要差异化。因为在产品差异化很难实现时，必须通过营销差异化来定位。今天，企业推出任何一种新产品，畅销不过一个月就马上会有模仿品出现在市场上。而营销差异化要比产品模仿难得多。因此，仅有产品定位已经远远不够，企业必须从产品定位扩展至整个营销的定位。

当然，定位并不是死板教条、一成不变的，它以市场需求和消费者需求为前提。如果外部市场环境变了，消费者消费需求变了，那么定位也需要随之而变。不变则死，如某企业的定位是做胶卷，定位可谓是足够清晰，但数字化时代来临后仍在坚守这样的定位就不合时宜了，最后的命运就是逐渐淡出人们的视线，土崩瓦解。

案例11

某品牌的定位为插座，尽管已具有一定的品牌影响力，但很难成为一款爆品，甚至很难在同品牌中脱颖而出。原因就在于电子产品正在进入一个多元化、智能化时代，插座需求并不是唯一需求了。

反观一些企业在明确定位的同时，善于变通并取得了很好的发展，如海尔的定位是冰箱，但不只是卖冰箱；中国电信的定位是做固定电话，但现在基本放弃了这一业务……假如这些企业仍在固守定位，不善于变通，结果将会很惨。

上述案例说明，打造爆品虽然需要对产品进行明确的、独一无二的定位，但千万不要钻牛角尖，要善于根据内外部因素的变化而变通。

2.2.2 单品运营策略：专注产品，保持迭代创新

人们若对某企业，或某品牌留有深刻印象，肯定是因其曾推出过经典的单品。这些单品往往都会成为爆品，如堪称经典的红罐可口可乐；康师傅的红烧牛肉面；娃哈哈的AD钙奶等。即使这些品牌经过多年的发展，几经更改，产品品类也极大地丰富了，但在许多用户心中那些单品仍代表着企业形象、品牌形象。

因此，某种程度上战略单品就代表着企业、品牌。随着互联网时代的到来，各行业竞争日趋白热化，单品成为市场的主导。无论名企，还是新兴企业都开始放弃多元化发展之路，实施单品策略。

（1）什么是单品策略

单品是指具有特定自然属性与社会属性的产品种类。具体来讲是指一款产品的品牌、配置、等级、花色、包装容量、单位、生产日期、

保质期、用途、价格、产地等属性与其他产品都不相同时，才可称为一个单品。

单品是一个旧概念，在产品体系中早已经存在，但作为一种战略则是近几年才提出的。以往，单品从不会被单独提出，通常是附着在某个系列品之中，即一个系列包括若干个单品。但随着产品同质化严重，营销手段层出不穷，价格战的盲目上演，市场环境的变化，单品作为一种新的产品策略应运而生。

单品是一种策略，不要理解成只是企业的一款产品线，也不能认为就是市场的简单细分。而是为了迎接消费需求，为了创造新市场，为了创造新品类——爆品而诞生。

（2）实施单品策略的3个阶段

没有战略单品支撑的企业将很难生存，更不用说成功塑造出具有强大影响力的爆品。未来，将资源集中到战略单品上实施重点突破，将会成为企业发展的一大主流趋势。

那么，如何成功实施单品策略呢？根据企业发展阶段和产品成熟程度，通常可按以下路径来做，如图2-14所示。

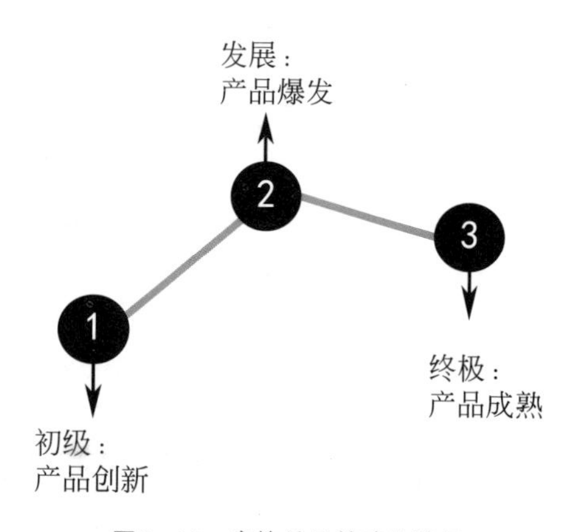

图2-14　实施单品策略的路径

① 初级阶段任务

目的是将资源集中到战略单品上，通过战略单品获取大量忠实用户。

爆品是企业积累流量、获取价值的重要手段，而爆品与单品密不可分。做爆品的初级阶段往往就是做单品，因为无论是企业资源、精力还是消费者的认知与接受能力都是有限的，不作区分、没有针对性地填鸭式推出产品，只会让消费者记不住任何信息，削弱产品的市场效果。因此，企业在打造爆款时，要准确定位主打单品，将更多的资源、精力放在单品运营上。

案例12

电商平台“本来生活网”首次被大众认知是因为褚时健的橙子，网站为褚橙做了精心的营销策划，并通过多种方式积极推广。再加上褚橙是红塔集团原董事长，曾经的“烟王”褚时健种植的，本身就有很高的知名度。尤其是其经历了众多坎坷后仍以74岁高龄白手创业，承包荒山种植冰糖橙的“励志”性，使褚橙被赋予了“励志橙”的标签，一上市便受到很多消费者的青睐。

当这个报道披露后，很多人的焦点在褚橙上，认为“褚橙”通过本来生活网得到了广泛的传播，如图2-15所示，销量得到大大提升。但换个角度讲，本来生活网也因巧妙借助了“褚橙”名人的势，得到了巨大的实惠，从此一个毫无名气的电商网站走进了大众视野。

图2-15　本来生活网与褚橙

鉴于褚橙模式的巨大成功，本来生活网又相继推出了柳传志的“柳桃”、潘石屹的“潘苹果”，并分别贴上“良心果”“公益果”的标签，通过“讲故事”的方式，让冷冰冰的水果变得“有温度”“有情感”。

这一系列操作集中反映出了本来生活网的运营思路。不管是褚橙，还是柳桃、潘苹果，对于本来生活网来说都是一个个单品爆款，无论是哪一个产品的精心策划，目的也许不在于能销售出去多少，关键是能起到引流的作用，提高自身知名度。

② 发展阶段任务

目的是将战略单品转变为战略大单品，并不断扩展其产品品类，从而覆盖更多的消费者。

企业实施单品策略，并非是让企业仅生产或销售一款单品，而是将自身的资源集中起来，向消费者主推一个核心单品，从而使这一单品能够成为爆款，甚至成为经典。当企业的战略单品取得成功后，企业需要不断扩充自己的产品线，从而覆盖更多的用户群体，实现价值最大化。

因此，做单品深层的含义是延长产品生产线，纵向和横向做系列化产品。延长产品生命线是纵向策略，主要做单品；产品系列化是横向策略，主要做衍生品。

案例13

以小米为例，我们来看看小米是如何做他们的战略大单品的，如图2-16所示。

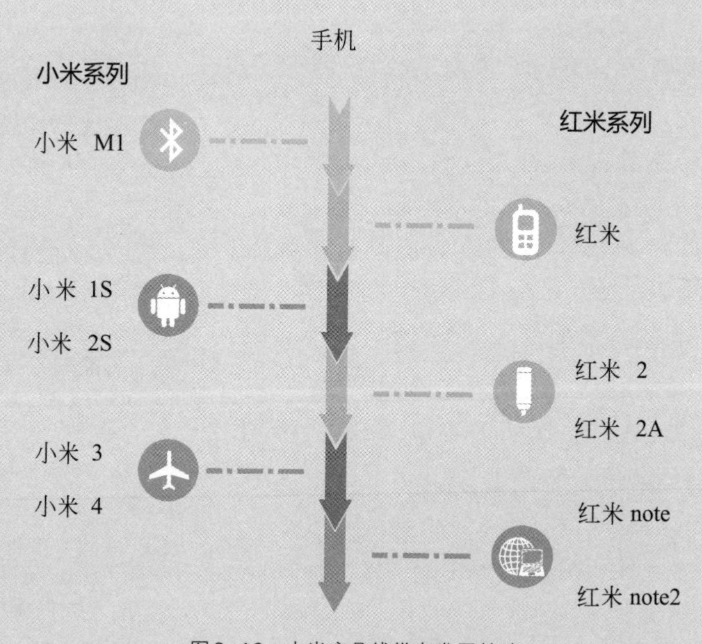

图2-16　小米产品线纵向发展策略

为了满足用户需求，小米产品越来越多样化、丰富化，已从单品手机延伸到净化器、电视、路由器、智能设备等多条产品线，如图2-17所示。

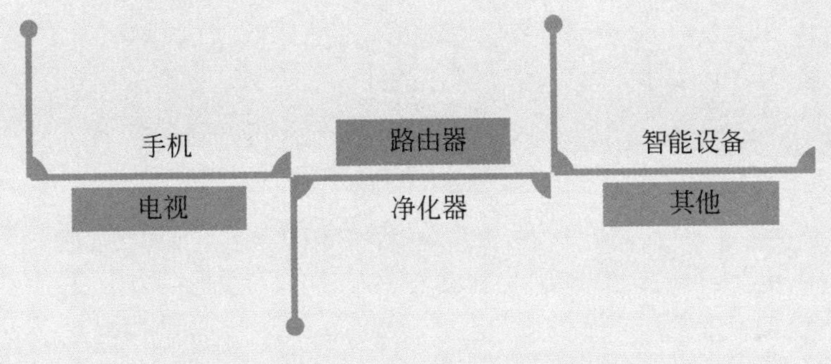

图2-17　小米产品线的横向发展策略

③ 终极阶段任务

目的是对战略大单品进行优化及创新，通过不断更新迭代，打造企业价值链管理体系，延长战略大单品生命周期。

企业价值链展现了企业生产经营的上、中、下游全过程，包括上游的原材料供应与采购、产品研发与设计，又包括中游的生产制造和仓储物流，还涉及下游的品牌塑造、渠道运营和终端零售等内容。这些价值链环节中的任何一个部分都可能潜藏着产品创新的机会，成为打造爆品的切入点，关键是企业是否建立了战略单品的价值链管理体系，能否敏锐感知和抓住这些潜在的创新点。

案例14

价值链是企业一系列价值活动的有机整合，广东东莞某旅行社依靠一系列的价值活动，打造出爆款旅游产品与服务。那么该企业是如何实现企业价值链的呢？大致通过5个步骤来实现，如下图所示。

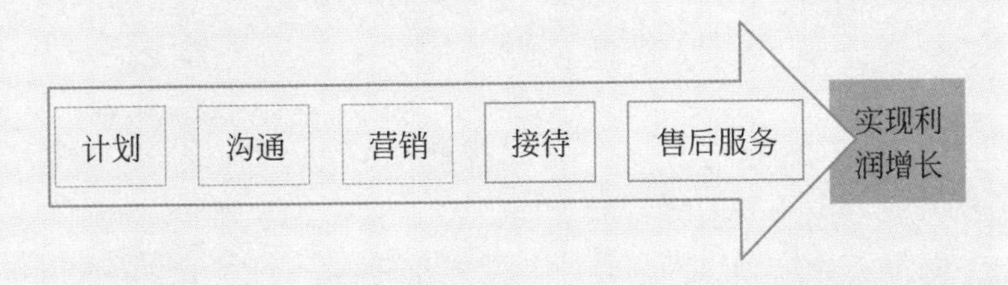

（1）计划

计划活动包括旅游产品的设计，时间线路的制订，旅行团的预先安排，工作人员的分工和培训，与合作各方的协议和商定，成本价格的预算和确定，旅游后期游客满意度调查研究、统计分析、编制计划等，这些活动是该社最基础的业务活动。

（2）沟通

由于该旅行社经营的产品大都涉及旅游者的行、住、食、游、购、娱乐等，且其中大多数资源都是旅行社自身无法提供的。因此，在每个旅游产品开发过程中就必须与运输企业、饭店、景点等旅游服务供应商保持密切的合作关系。

因而，与各方取得事先沟通，便成了旅游服务项目中必不可少的业务，而且是作为旅行社价值链的一项基本活动列出。

（3）营销

为了实现最终的目标，该旅行社通常会采用组合营销，并对产品价格、销售渠道和促销进行详细的策划与规划。以最大限度地预测和满足旅游者的需求，根据不断变化的市场需求调整产品的结构、数量和质量。

选择恰当的营销方式及销售渠道将产品介绍给旅游者，并使其找到方便的途径最终将消费意图转换为购买行为。

（4）接待

接待业务是旅行社经营活动中的一项重要业务。它是指旅行社对已经预订旅游产品的旅游者在其旅游行程中所提供的服务，即为旅游者安排、落实游览期间的食、宿、行、游等消费活动以及其他事项。

另外，接待工作又是旅行社对旅游者面对面的直接服务，因此它对旅游过程和结果有着重要的影响。该旅行社接待工作的质量是产品质量的重要组成部分，它将直接影响到旅游者对旅游活动产生满意或不满意的感受，从而可以影响旅行社的声誉。

（5）售后服务

旅游企业属于服务业范畴，旅游者本身成了旅游产品产销过程的组成部分。这一特点决定了旅行社必须提供完善的售后服务，因此该社在旅游活动结束后，继续向游客提供一系列服务，以主动解决游客遇到的问题并加强同游客的联系。

良好的售后服务是优质接待工作的延续，向旅游者提供新的信息，并从旅游者那里得到意见、反馈，不仅可以维持和扩大原有的客源，还可以更新产品内容，提高接待服务水平，让该旅行社在激烈的市场竞争中立于不败之地，以巩固和扩大市场。

2.2.3 文化策略：赋予内涵，塑造人格化形象

爆品需要文化支撑，它不同于普通产品最核心的一点就是深厚的文化底蕴。一个好的品牌、产品往往也是特定文化的象征和体现。文化形成定位，赢得消费者认同，并最终转化为利益。消费者一旦对品牌、产品所蕴含的文化产生了认同，那么，这种品牌、产品就会长时间地占据消费者的内心，从而使其形成惯性消费。

产品有了情感、情怀，才能长久地占领市场，拥有较稳定的消费群体。比如，迪士尼宣扬的一种儿童文化，备受小孩子喜欢；麦当劳时刻在迎合年轻人的文化，因此成了年轻男女经常光顾的场所；脑白金体现的健康、养生文化，长期以来也一直是老年人的钟爱……

再比如，我们经常说的中华老字号、百年品牌等，其实更多的就是一个文化符号。但正是这个文化符号带来了产品在质量上、品牌影响力上的质变，以便在消费者心中创造更大的价值。

一些中草药爱冠以出自"中药典籍配方""古代名医之手"等称号，这就定位了它的一种历史文化，高贵性，不可稀缺性。有了这种文化底蕴，在宣传上就不用再过多地讲配方、治过多少病人等。国家文化足以造就大众的认同感，当消费者被文化同化就像被催眠，会自觉自动地产生购买行为。

（1）什么是文化策略

文化策略是指一个企业或组织等传播发展自身的文化软实力的基本指导思想、目标、方法和策略。一个品牌、产品必须能体现出企业文化，以及产品背后是否有特定的文化支撑，这是产品向爆品过渡的一大重要标志。

爆品作为产品发展到高端、成熟阶段的产物，一定要形成与自身有关的特色文化。文化是一种精神产品，更符合大众的深层需求。所以，企业打造爆品一定要注意对文化氛围的营造，或者赋予产品类似于"文化"的人格化内容。因此，做爆品不能仅靠以往的商业逻辑，做冷冰冰的产品，还应有情感、有情怀，让用户感觉到"我不只是在跟一个冷冰冰的商品打交道"。用"文化"作为武器去攻击消费者的内心，让消费者在心里产生认可，形成行动。

案例15

星巴克每年一届的咖啡文化节，深受咖啡爱好者喜爱。这种文化虽然寄生于一个企业、一款产品，但却是消费者的情感需要，人性的需要。文化，让星巴克卖的已不是咖啡，而是咖啡文化、文化利益、文化价值，让消费者在那里找到了自己，沉醉在自我当中。

随着星巴克品牌影响力的增大，很多人已经认同了它营造的文化，并将其看成是自己的文化。图2-18是星巴克以"浓缩一杯热爱"为主题的2017咖啡文化节宣传海报。

图2-18　星巴克咖啡文化节宣传海报

（2）品牌文化如何形成

① 独特、个性化的文化定位

爆品通常都有独特、个性化的文化定位，成功的品牌文化定位都是彰显其个性的，通过品牌文化个性的塑造确定品牌的独特形象，才能达到吸引消费者的目的。

案例16

七匹狼，男性文化的爆品品牌，经过多年的发展已经成为“追求成就、勇往直前、勇于挑战”的代言。目标消费群体以年龄为30 ~ 40岁的男士为主。通过对男性精神的准确把握，七匹狼旗下的服装、酒类、茶品等产业都时刻在体现“男性文化”，并围绕这一品牌文化对各类产品进行了开发和定位，如服装——自信、端重；酒类——潇洒、豪放；茶品——安静、遐想。

七匹狼品牌将男性的主要性格、特征全部融入产品中，从而使其以深刻的文化品质，获得了中国男性的青睐和尊重。

② 以特定消费者群体为导向

品牌文化是否成功取决于社会公众或目标消费者的评判。因此，任何爆品体现的文化都必须以特定的消费群体为导向，且能以他们崇尚的文化、消费理念、消费方式、接受信息的思维为依据打造产品。让产品能够真正进驻于消费者心灵，符合他们的文化导向。

据统计，80%的体重秤用户是新生代消费者，为什么？这是源于新生代消费者对于健康文化的崇尚。很多80后、90后、00后最大的追求就是保持好身材，愿意从事有挑战的运动或赛事，比如肌肉训练、越野跑、滑板等活动。同时也有很强烈的为运动装备付费的意愿，且已经不再单纯局限于跑鞋、健身服饰、手环、有心率功能的手表、袜子等，而是更愿意为运动方法，提供运动效率而付费，如参加各项运动项目、聘请私人教练等。

爆品的文化来自消费者内心的呼唤，同时又必须回归消费者的心灵，考虑目标消费群的特征，与目标消费群的需求相吻合。

③ 借助优秀传统文化的精髓

传统文化博大精深，是很多企业品牌、产品塑造自身小文化的源泉。所以，在给产品做文化定位时要能巧妙借助优秀的传统文化，以提高品牌文化的战略高度，丰富品牌文化内涵。

真正的爆款，无论是电影、网剧、舞台剧等文化产品，还是食品、酒、服装等实物产品，继承优秀文化，并尽可能地充分体现，一定可以形成自身独特的文化特色。

如法国的“人头马”、中国的“景泰蓝”借助了民族文化特色；无锡的“红豆”服装、绍兴的“咸亨”酒，分别挖掘自曹植、鲁迅的名篇，宣扬的是一种人物文化；金六福——中国人的福酒，宣扬的是中国特色的福文化，将国家之“福”、民族之“福”融到了品牌和产品之中。

2.2.4 差异化策略：爆品决不允许模仿和跟风

有没有把“康帅傅”看成“康师傅”的经历？同时还有“大白兔”与“大白兔”、“粤利粤”与“奥利奥”、“绿剑”与“绿箭”……，类似的例子不胜枚举。有的话你就能深刻感受到山寨品带来的苦恼，其实这是种恶劣的模仿与跟风。

随着市场自由化程度逐步提高，竞争日益激烈，不少商品都面临着同质化危机。如批量化生产；傍“名牌企业”“名牌产品”现象严重；不同品牌的商品构造、性能、外观竞相模仿，甚至推销手段都如出一辙，导致商品大量同质化。这种现象不但加剧了同行业的竞争，破坏了市场风气，造成优质产品的滞销，还影响到了消费者的切身利益。

爆品是小众市场，是特色需求，不需要批量生产，而是要量身定制，差异化竞争，体现个性。越小众，差异化越大，个性越强，越可能受欢迎。

（1）什么是差异化策略

差异化是企业在产品的设计、制作、功能、技术、卖点上实现的差异化，以在全产业中形成具有独特性的东西。

差异化策略是企业以差异化产品为基础而形成的一系列战术、策略、运营机制。实现差异化战略要求企业就目标消费者广泛重视的一些方面在产业内独树一帜，或在成本差距难以进一步扩大的情况下，生产比竞争对手功能更强、质量更优、服务更好的产品以显示经营差异。

利用差异化战略，既可以避免同质化，找到市场空白，获得独特优势，又可以避免与同类品牌形成直接竞争。因此，企业尤其要注意到这一点，学会充分利用品牌本身的特性，找出品牌最大的优势，满足客户的差异化需求。

案例17

当下越来越多的音乐节缺乏个性，缺乏创意，更像是演唱会的拼盘。而大众的审美水平却不断提升，表现出与众不同的品位。他们也许会被更加小众、更加细分的音乐所吸引，如民谣、电子音乐、嘻哈等，每一个品类的头部公司和歌手都受到了新生代们的热烈追捧。

拿电音来说，电音是听觉上最富有科技感的音乐，给听众带来了前所未有的新鲜感，每首电音都可以呈现出一个独特的世界。麦爱旗下的INTRO电音节至今已经举办了9届，2017年再次实现了万人共舞的场面。实际上中国电音用户的规模已经很大，2016年的电音用户规模已经达到了1.97亿，2017年2.86亿，2019年将呈现井喷式增长，预计超过3.58亿。可见细分领域也并没那么“小众”，打造优质的小众体验，一定会迎来大众消费的机会。

在音乐细分市场想要突出重围不是像影视行业那样，靠打造包容性强、适应面广的“老少皆宜”的爆款影视剧，而是要做垂直，把握住垂直领域的资源，从版权、艺人到音乐节以及Live House（小型现场演出的场所）演出都要形成自身的独特优势，进一步形成闭环。细分领域的资源需要掠夺，因为细分领域头部的资源也很有限。

可见，差异化策略已经成为取得品牌竞争主动权的主要策略之一，也是给消费者一个购买理由，让他们心甘情愿买你的而不买别人的。

（2）体现差异化的6个方面

在体现与竞品的差异性上，可从以下6个方面入手。

① 原料→哈根达斯

哈根达斯宣传自己的冰激凌原料取自世界各地的顶级品牌，比如来自马达加斯加的香草代表着无尽的思念和爱慕，比利时纯正香浓的巧克力象征热恋中的甜蜜和力量，波兰的红色草莓代表着嫉妒与考验，来自巴西的咖啡则是幽默与宠爱的化身，而且这些都是100%的天然原料。

② 设计→Swatch（斯沃琪）手表

Swatch手表创新性地定位于时装表，以充满青春活力的城市年轻人为目标市场。以“你的第二块手表”为广告诉求，强调它可以作为配饰搭配不同服装，可以不断换新而在潮流变迁中永不过时。

Swatch手表的设计非常讲究创意，以新奇、有趣、时尚、前卫的一贯风格，赢得“潮流先锋”的美誉。而且不断推出新款，并为每一款手表赋予别出心裁的名字，5个月后就停产。这样个性化的色彩更浓，市场反应更加热烈，甚至有博物馆开始收藏，有拍卖行对某些短缺版进行拍卖。

③ 制作工艺→真功夫

真功夫快餐挖掘传统烹饪的精髓，利用高科技手段研制出“电脑程控蒸汽柜”，自此决定将“蒸”的烹饪方法发扬光大。为了形成与美式快餐完全不同的品牌定位，真功夫打出了“坚决不做油炸食品”的大旗，一举击中洋快餐的“烤、炸”工艺对健康不利的软肋。

④ 渠道→戴尔电脑

戴尔电脑的网络直销消除了中间商，减少了传统分销花费的成本和时间，库存周转与市场反应速度大幅提高，而且能够最清晰地了解客户需求，并以富有竞争性的价位，定制并提供具有丰富选择性的电脑相关产品。想订购的消费者直接在网上查询信息，5分钟之后就可以收到订单确认，不超过36小时，电脑从生产线装上载货卡车，通过快递网络送往消费者指定的地点。

⑤ 功能→朵尔

养生堂的“朵尔”是专门针对女性细分市场，紧扣女性对美丽的渴望，在概念营造上棋高一招，提出“由内而外地美丽”，言外之意就是别人都在做表面功夫，而“朵尔”可以内外兼修，立即打动了消费者的心。还有比如红牛的补充能量定位，脑白金的礼品定位等，都是直接从用途上与竞争对手形成差异化。

⑥ 服务→迪士尼

迪士尼公司认为首先应该让员工心情舒畅，然后他们才能为消费者提供优质服务，首先让员工们快乐，才能将快乐感染给所接待的消费者。别忘了人们来到迪士尼就是为了寻找欢乐，如果服务不满意，扫兴而归，那还会有什么人再来呢？因此，公司注重培训和员工福利，重视构建团队及伙伴关系，以此提高服务水准。

综上所述，差异化可以从6个方面入手，如果上述做法都行不通，要打动消费者购买，就只有降价一条路了。当然降价时，你如果拥有超越竞争对手的成本控制能力，也还是会取得利润。如果成本上也没有优势，那只能遗憾地宣布你已经堕入了红海，运气好时可以获得些许利润，一有风吹草动就会陷入亏损境地。

实现差异化定位，仅仅确定几个差异化因素是远远不够的，还必须分析这些差异化因素能不能为消费者，特别是目标消费者创造价值，从而成为吸引其购买的卖点。另外，需要检查在消费者心目中你的品牌已经具备预设的差异化卖点，因为大部分消费者不是专业人士，他们决策时理性夹杂着感性，如果他们认为你在差异化因素方面并不突出时，这样就必须开动脑筋，利用大胆出位的传播方案将自己的优势打造出来。

第3章

懂市场、抓需求、找爆点——优秀的产品经理都在努力学这3招

一场大爆炸往往需要有合适的爆点，爆品的火爆也往往是因为一个或若干个爆点引发的。所谓爆点就是引发消费者关注，促使消费者主动购买的那个理由。爆点有很多，话题炒作爆点、事件营销爆点、价值链爆点……那么爆点从哪里来呢？这就需要产品运营者善于挖掘，善于打造，着眼于消费市场，着眼于对产品自身的挖掘。

3.1 着眼于市场需求寻找爆点

3.1.1 深入市场做调研

很多爆点来源于市场，如某条重要的信息，消费者的某些特定需求等，如果能及时抓住这些市场因素，往往可以打造一个非常好的爆点。

案例1

1985年，英国伦敦上演了一场世纪婚礼，而这场婚礼造就了多个爆款产品，如糖果、蛋糕、冰激凌，及其他纪念品等。这场婚礼是英国王储查尔斯主导的，他耗资10亿英镑举行了这场豪华婚礼。这事件立即成为社会热点，成为英国老百姓最关注的话题。同时，不少精明的商人则看到了里面的商机，趁机赚了一笔。他们绞尽脑汁让自己的产品打上这场世纪婚礼的烙印，如糖果厂在糖果纸和糖果盒上印上了王储、王妃的照片；食品厂生产了喜庆蛋糕、冰激凌；纺织印染厂设计了有纪念图案的纪念章、纪念品、各类喜庆装饰品等。就连平常无人问津的简易望远镜，也在婚礼当天被围观的人群抢购一空，众多厂家为此大大地赚了一笔。

这说明在这个商业社会，信息是非常宝贵的，常常蕴含着无数商机。很多商机都是通过市场信息反映出来的，一个企业的兴旺，一款产品能否引爆市场、备受追捧，很可能就是因为一条普通信息，或者现象造就的。

苹果公司APP Store(应用程序商店)里面发生过一件神奇的事情，有个人只花了3天的时间做了一个富有特色的苹果手机屏保isteam，1个月下载量超百万次。这个屏保非常有特色，运行后手机屏幕上就会“起雾”。这一特色吸引了不少用户，再加上它的售价非常低，只需要0.99美元，于是曾引发了一轮下载高潮。据悉，其投放在苹果（APP Store）上的第1个月下载量就超过了100万次。

苹果（APP Store）有很多屏保软件，而这款是上市时间最短，下载量最多，盈利近990000美元的APP（应用程序），自然成为了苹果软件里的爆品。

那么，这款会“起雾”的屏保灵感来自哪儿呢？很简单，就是冬天玻璃上会起水蒸气，拿手指去擦一下，就会有水珠滚下来，这个软件就是完全模拟这个现象做的，而且做得非常形象。

市场信息、需求是打造爆品的最基本条件，很多爆品的灵感就来源于市场上的各种信息和需求。尤其是互联网、移动互联网的广泛应用，让我们处在一个信息大爆炸的时代，信息的接收量大大增加，信息的获取也相对容易了很多。只要有一双善于发现的眼睛，一颗善于思考的脑袋，对任何事情都充满好奇，就会时刻发现对自己有用的信息。

信息很重要，但如何获取呢？最权威的、最常用的一种方法就是市场调研。市场调研是获取信息的重要方法，有很多企业为了获取充足的市场信息，在产品投产之前会投入大量的人力、物力、财力，并运用多种调查方法，千方百计地寻找调查对象。调查工作的好坏直接决定着信息的质量，所以，要想获取高质量的市场信息，必须重视市场调研，会做市场调研。

所谓市场调研，是指以系统的、科学的方法搜集资料，然后运用一定的方法统计、分析这些资料，最后得到所需信息的过程。

那么，如何做一场成功的市场调研呢？可按照以下几个步骤进行。

（1）制订一份详细的调研方案

方案的内容主要包括准备获取哪些信息，调研对象是谁，如何获取，及其做好调研所需的资金、人员配备、材料。具体内容如图3-1所示。

调研目的：

调研对象：

调研方式：

调研途径：

调研人员：

调研结果：

调研总结：

调研支出：

备注：

图3-1　市场调研的主要内容

值得注意的是，调研

对象就是产品的潜在消费群体，目标消费人群往往是特定的，万不可针对所有人群。调研对象必须要有侧重性、针对性，时刻围绕产品是“为哪个群体、何种需求而制造”的这个问题进行，只有选择对了调研对象，才可能得到更客观、正确的信息。

（2）确定市场调研的方法

这是市场调研的重中之重，采取的调研方法是否正确、科学，直接决定了调研结果是否符合实际需求，甚至决定着调研活动能否顺利进行。

市场调研的方法通常有很多，如有访问调查、观察法、问卷调查、实地调查等。针对批发商、分销商、零售商采用最多的是访问法和观察法；针对普通消费者采用较多的是问卷调查、实地调查，市场调研的两种常用法如图3-2所示。

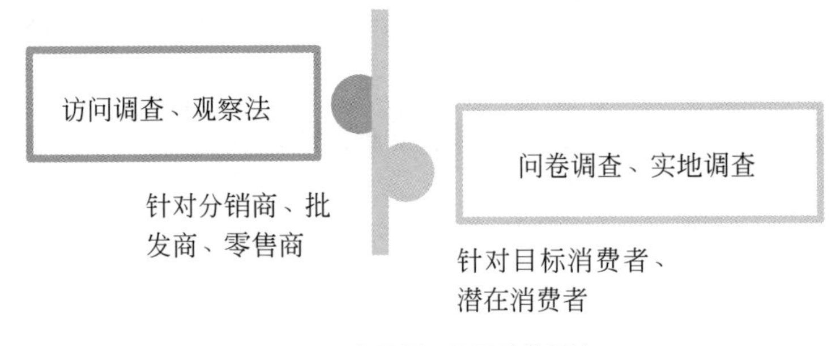

图3-2　市场调研的两种常用法

访问法即是对分销商、批发商、零售商以及市场管理部门对市场的销量、价格、品种比例、品种质量、货源、客户经营状况、市场状况等进行自由交谈、记录，获取所需要的市场资料。

观察法是选择适当的时间段，对调查对象进行直接观察、记录，以取得市场信息。对市场经营状况、产品质量、档次、客流量、价格、产品的畅销品种和产品形式以及顾客的购买情况等，多采用此种方法。

一个问卷的设计怎么可以做到由浅到深，怎么能够做到逐渐和被调研者产生共鸣、建立信任基础，怎样能够或者触动或者渗透地把被调查者的心打开，使其变得愿意分享自己的真实感受，或者说怎样能够引导被调查者发现自己的潜在需求，可能具体到操作层面只是一个问题的设置是开放式还是封闭式，问卷的格式是问答式还是表格式，个人信息询问的是年龄还是出生日期等的细节，但是不得不承认，这很重要。

（3）对资料进行科学的分析

掌握足够多的市场资料后，就需要对这些资料进行整合和分析，去粗取精，去伪存真，以保证所搜集的资料正确、权威，对产品的研究和开发起到真正的指导作用。

对调查搜集到的资料进行分析，需要根据调研对象、市场需求、产品实际情况采用合适的方法。方法不对，一切白费。

案例2

日本电通传播中心的策划总监山口千秋曾为三得利公司的罐装咖啡WEST品牌做市场调研，通过前期市场销售数据将WEST咖啡的目标人群定位于中年劳工（比如出租车司机、卡车司机、底层业务员等）。当时品牌方对咖啡口味拿捏不准，味道是微苦好，还是微甜好。按一般调研公司的做法，先是请一批劳工到电通公司办公室里，把微苦、微甜两种咖啡放在同样的包装里，请他们试饮，大部分人都表示喜欢微苦的。

但山口千秋发现办公室并不是顾客日常饮用的场所。于是，他把2种口味的咖啡放到出租车站点、工厂等劳工真正接触的场景，发现微甜味咖啡被拿走的更多。原因是："害怕承认自己喜欢甜味后，会被别人嘲笑不会品味正宗咖啡。"

不同年龄层、不同地域、不同职业、不同消费能力和习惯的群体，需求自然不同。选取合适数量的调查样本同样也会直接影响到市场调研的质量，但这个考量要紧密结合产品研发推广的时间成本和资金成本进行。

（4）把消费者的行为和认识解读对应到产品功能和需求上来

这种解读是否得当会直接影响到产品推广甚至是直接的盈利。某国内知名家电连锁企业的前高管分享了他的亲身经历，多年前液晶电视首批面世的时候，生产厂家拿着经过一番市场调研后的价格建议每台出售12000元，该高管凭着自己的市场经验，当了解到当时只是小批量生产时，竟豪气地定价为18000元，把一个更新迭代的电子产品卖出了奢侈品的感觉。

心理学家表明，痛点、抱怨往往能够反映消费者真实的想法。因此，不管是直接问消费者还是找资料，都不要问正面的问题，因为当你要求消费者正面描述某个产品或服务的时候，他往往无法真实表达。你需要询问他对于产品和服务的不满，当你这样问，他们就会开始抱怨，而这种抱怨，最终会让你找到你想要的答案。

3.1.2 对调研结果做科学预测

市场充满了不确定性，调研也不能确保万无一失，因此，在调研出结果后要对结果做科学预测。

预测是市场调研中一个主要的环节，通常是指运用科学的方法，对影响市场供求变化的诸多因素进行调查研究，分析和预见其发展趋势，掌握市场供求变化的规律，为经营决策提供可靠的依据。预测为决策服务，是为了提高管理的科学水平，减少决策的盲目性，我们需要通过预测来把握经济发展或者未来市场变化的有关动态，减少未来的不确定性，降低决策可能遇到的风险，使决策目标得以顺利实现。

这一节我们只对市场机会的辨识做重点解释，因为这也是市场调研人员唯一所能控制的。主要任务就是通过对市场机遇的辨识、把握，来使产品更符合客户需求。

做爆品就是做市场，必须以市场为基础，因此企业要重视市场，委派相关人员深入市场，搜集数据，分析市场需求，把握市场行情。但由于受市场意识、专业技能等诸多因素的限制，很多人忽略了对市场的调研，或者只是流于形式，致使市场调研工作变得毫无意义。这也是为什么很多产品无法令客户满意的根本原因。

市场需求的核心就是消费者需求，只有满足了消费者的需求，才能实现产品销售的终极目标。然而，消费者需求是一个活生生的、不断变化的动态概念，很多时候与我们常规上的认知存在巨大偏差。如果不时时关注市场，不对市场进行调查，相当于就失去了最根本性的东西，最终必然被市场所淘汰。

对市场进行调查、分析、定位需要有一个明确的、思路规范的流程，这也是做好市场调研的前提和基础。当我们决定推销某个产品之前，一定要按思路行事，对市场进行预测的思路如图3-3所示。

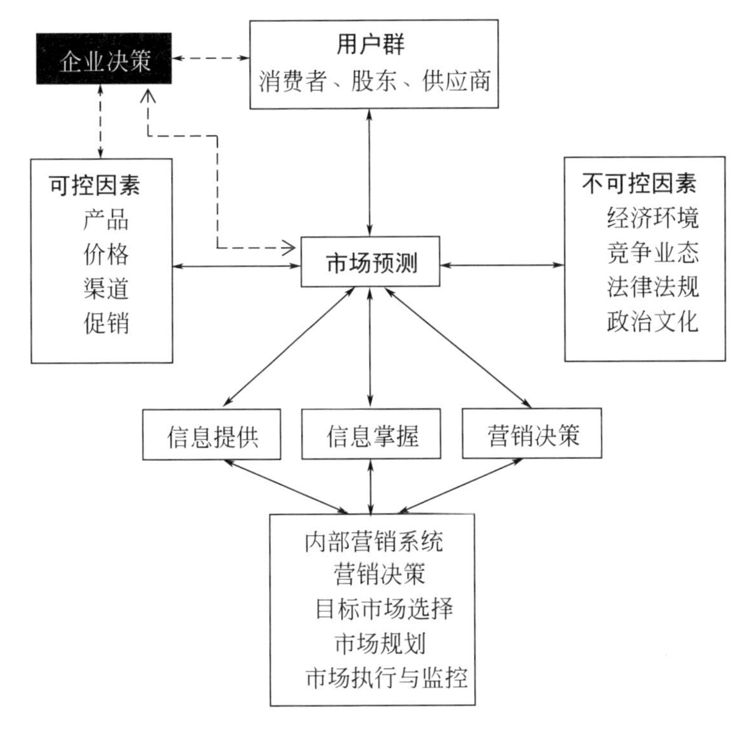

图3-3　对市场进行预测的思路

同时要明确消费者的消费特征、消费习惯和消费者心理，即要明确以下4个问题。

消费者需要什么样的产品？

消费者的真正需求是什么，真正关心的是什么？

在哪里、什么时间、何种场合使用某类产品？

消费者是个什么样的人？

什么样的性格、消费观念、消费习惯、购买力大小？年龄、收入、教育程度、以及受否具有独立的决策权？

消费者对产品有什么认识和看法？

消费者对产品的认知程度，是第一次接触产品，或有所了解，还是多次购买？消费者对产品的第一印象，或者使用评价如何？

消费者对使用产品有什么感觉?

消费者会如何去表达这种感觉?包括未使用前受使用者的影响,及使用后对其他客户的影响。对产品的期望是什么?

市场调查,是进一步决策的重要依据,爆品投入生产前必须以市场需求和消费者需求为基础。如果一厢情愿地按照我们认为正确的去做,却一点儿也不兼顾市场和消费者,所生产出来的产品恐怕永远也无法与市场、消费者对接。

3.1.3 运用大数据对结果进行客观分析

大数据为企业决策提供了客观依据。什么是大数据?麦肯锡全球研究所给出的定义是:一种规模大到在获取、存储、管理、分析方面,大大超出了传统数据软件能力范围的数据集合。大数据具有4个特征,分别为海量数据规模、快速数据流转、多样数据类型和价值密度低。

大数据产生于互联网、移动互联网,利用互联网、移动互联网技术,企业可以搜集、积累各种数据,从而服务于用户,服务于市场。信息时代"数据"为王,对于企业而言,谁掌握了海量的数据,谁就拥有了竞争的主动权,谁就可以获得高额的收益。

大数据时代就要善于运用大数据思维来思考问题、处理问题,这已经成为当下企业最潮流的运营思维。只有掌握大数据思维,才能在大数据时代引领风骚。因此,企业在打造爆品时必须重视大数据,运用大数据思维做决策。

大数据开启了产品的一次重大转型,大数据可服务于产品运营、管理、营销、客户管理等多个层面。

如阿里巴巴旗下的支付宝公司利用大数据深入分析,为客户管理优化提供了强有力的支撑。具体是先将支付宝用户分成50个族群进行研究,比如都市年轻群,特点是收入中等、热爱网购、消费水平较低等。然后按照以同样的思路再分析淘宝、天猫用户,通过观察其喜好,如喜欢的媒体、常登录的网站等来判断用户是一个怎样的人,进而将该用户购买的商品进行同类型族群的匹配、推荐。最后通过分析大数据建立起用户流失预警模型,即预测用户在未来三个月离开支付宝的概率。

除了建立用户流失预警模型，还包括更加常用的客户关系管理（customer relationship management，CRM）系统、经营分析系统等，也是根据大数据分析来分析判断额度。通过对已掌握数据的分析，找出具有普遍性的规律。

正是因为大数据的应用，使产品运用实现了精细化管理、个性化服务。其实，对大数据的运用重在思维上，大数据思维是一种新的产品观念。大数据思维的具体表现如图3-4所示。

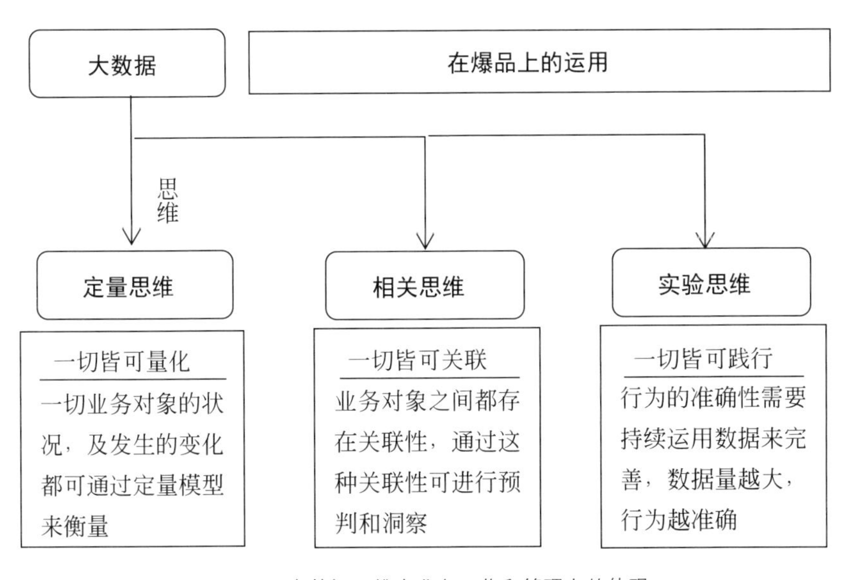

图3-4　大数据思维在业务运作和管理上的体现

第一个是定量思维："一切皆可量化"，所有业务对象的状况都是可以被衡量的。特别是随着现在先进的智能化设备、先进技术的引入，可以让我们对于业务过程中一些关键对象的数据实现更好地洞察。

第二个是相关思维："一切皆可关联"，在大数据技术方面，我们可以根据数据的一些关联性进行分析，去发现它们之间潜在的逻辑与规律，这些逻辑、规律以前是不能通过人工、业务经验等方式去分析的。

第三个是实验思维："一切皆可践行"，在任何一个环节都可以尝试用大数据的思维去发现一些隐含的业务规律，并把这些业务规律应用到业务场景中，最终实现业务环节的提升及业务模式的创新。这是一个循序渐进、逐步迭代的过程，通过数据的积累和持续的分析来逐步提升洞察力的准确性。

通过以上思维和观点，企业对于大数据的应用应保持开放和好奇心，而这些是创新的基础，基于大数据可以真正实现商业模式和产品服务的创新。

3.2 根据市场需求而打造的爆点

3.2.1 爆点1：社会重大、热点事件

将社会重大事件，热点事件、现象与产品关联，是打造爆品爆点的一种常用方法。有很多产品一夜成名，正是由于巧妙借助了当时风行的社会事件或现象。

案例3

每年会有各种赛事，比如足球赛、网球赛、篮球赛、游泳赛等，还有很多与赛事有关的活动，比如奥运会、亚运会、足球世界杯、足球欧洲杯、足球亚洲杯等，这些事件都是社会热点事件。

赛事不同，关注度也不同，比如奥运会、世界杯往往是全民热点，且由于持续时间较长，会出现大量相关话题。很多品牌正是利用这些话题，制造热点，打造产品引爆市场的爆点，以辅助营销。

利用体育赛事热点挖掘营销爆点，已经成很多商家最常见的做法。2018年俄罗斯世界杯期间，同样有很多品牌巧妙借势。最具代表性的就是百威啤酒，赛事期间，百威策划了一场“无人机送啤酒”活动，从圣路易斯酿酒厂到里约沙滩，从伦敦足球酒吧到上海高楼大厦，最后来到莫斯科卢日尼基体育场……这些都是被一个叫“1876号无人机”的机器送的，而百威啤酒恰恰诞生于1876年。

在这次活动中，最大的亮点还不是无人机，而是喝酒的杯子。百威推出了可以为球队助威的杯子——红光杯，这个杯子很特别，底座是红色的，可以用声音将它点亮，配合球迷为自己喜爱的球队呐喊助威。这个可以与球迷一起为足球呐喊的杯子，成了这届世界杯球迷最钟爱的吉祥物。

通过这一活动，百威不但向世界各地的球迷朋友们送去了啤酒，而且让更多的人开始了解百威啤酒，了解百威背后深厚的品牌文化。

百威巧妙借用世界杯这样的社会热点，达到了营销的目的。这就是一起典型的事件营销。体育营销和娱乐营销其实很相似，全民娱乐的时代，营销的关键就是巧找“结合点”。这个“点”就是大众的“关注点”，是可能会“火”、会被注意的“萌芽”内容，它们符合大众的心理和情绪，是容易“煽动”大众的导火索。

事件营销，由于事件往往具有典型性、代表性、聚焦性，容易被关注，所以通常能够产生热点新闻的效应。如果与产品调性匹配到位就会产生非常强的关联。随着时光流逝，即使事件本身会逐渐被淡忘，但事件所涉及的人、物、组织（企业组织）会长久地留在人们的脑海之中。

因此，竞争白热化的“红海”中，事件营销也一直是各大企业、营销策划者喜欢用的一种方式。品牌没有特色就很难“出头”，聪明的企业十分懂得利用事件打造产品的爆点，并整合各种社会媒体资源，让营销效益最大化。

那么，我们该如何做事件营销呢？不妨先了解一下它的概念。

所谓事件营销（event marketing），即通过策划、组织和利用具有名人效应、新闻价值以及社会影响的人物或事件，引起媒体、社会团体、自媒体和消费者的兴趣与关注。以提高企业或产品的知名度、美誉度，树立良好品牌形象，并最终促成产品或服务销售目的的手段和方式。

简单地说，事件营销就是寻找或制造有价值的事件，通过把握事件规律，对事件进行科学合理的策划、操作，让事件得以传播，从而达到广告的效果。

对以上概念进行总结可以得出做事件营销应注意的两个重点：一是寻找或制造有价值的事件，把握事件规律；二是对事件进行策划、操作。

（1）寻找或制造有价值的事件

这一点说明并不是所有的社会热点事件、现象都可以拿来即用，要想达到好的效果还必须符合一定的标准。衡量一个事件是否可以成为爆品，宣传语推广、吸引消费者的爆点，至少要具有以下特点，具体如下。

① 时效性

事件营销中的“事件”一定要是某段时间内在某一领域有较大影响力的，大家关注度最高的。否则，整个事件即使策划得再好，一旦没有时效性，大家已经不再关注，就很难有轰动性的效果。因此，时效性在很大程度上决定了事件营销的成败。

是否能更及时地反应、更棒地创意圈定事件，是打造事件爆点的关键。这就要求策划者有超强的直观判断力、敏锐的观察力。我们常说，产品经理最忌讳的就是做不拍脑袋的决策，但是在事件营销上必须锻炼唯快不破的决策能力。当资源和时间都非常有限的时候，直觉非常重要。很多经典的事件营销都是来自决策者的灵感一现，抓住了消费者的极致体验，然后马上去满足。

② 与品牌、产品相关

这是选择、制造事件的最基本法则，无论是什么事件营销，其中的事件一定要与品牌、产品有关联性，事件本身就可以直接或间接地对品牌起到宣传的作用，甚至在某个点上可以产生高度共鸣。

比如追求更快、更高、更强的奥运会精神，崇尚离商业更远，离人性更近，通常除了运动服、运动鞋品牌外，不允许出现其他商业广告。但是麦当劳、可口可乐是如何跻身奥林匹克运动赞助商广告位置的呢？这是因为，它们找到了品牌与奥林匹克精神高度共鸣的点。麦当劳独创五洲风味迎合了五环奥运，满足了五大洲奥运健儿的需求；可口可乐，在开启的一瞬间让人享受到了运动的快感和瞬间的爆发感。当这些品牌与奥运精神产生共鸣的时候，由于奥林匹克的高格局，品牌形象也上升到了一个空前高度。

③ 具有新闻的社会属性

事件营销最初叫新闻营销，为什么叫新闻营销，原因就是事件营销中的事件本身具有新闻性，如反映社会现实、时效性强、关注度高等。因此，事件一定要符合新闻法规，如会不会违背社会公德、法律法规的规定；能否造成负面的、极坏的社会影响；会不会侵犯他人的权利，毁坏他人的想象，误导大众等。这些都是需要考虑的，一旦可能造成以上后果的坚决不采用。

④ 便于吸引媒体的关注

综观各类事件营销案例都能找到媒体的影子，而且往往也是因为媒体的介入，事件才可能大火。

⑤ 好玩有趣

一个好玩有趣的事件，才更容易被普通消费者大面积传播，成为热点。且好玩有趣的事件容易吸引新媒体的关注，协助事件进行更大范围的传播和扩散，因为大多数新媒体都喜欢播报、转载好玩的事情。

（2）对事件进行策划

① 明确活动目标

做任何事情都需要有个目标，明确活动目标是事件策划的起点和最终落脚点。即策划者需要十分明确地知道，这个事件重在体现产品的什么爆点？最终要达到什么目的？

如果仅仅是事件与产品的简单叠加，很难收到预期效果。

② 制造种子话题

什么是种子话题？即在事件的基础上，具有供大众讨论和外延的话题，有助于事件更好地发酵，为产品带来持久的关注和流量。

案例4

神州租车曾联合众多影视名人发起一个“孕妈专车”的话题营销，目的是突出自身一向标榜的“安全性”优势。什么人坐专车最需要思考安全？策划方选择了一个特殊群体——孕妈。

活动首先以孕期的影视明星、公众人物等热点人物为基础，推出神州专车的视频，引发话题性和关注度；然后以事件为主，发起一场纯社会公益性活动——关注孕妈出行安全，并在同时期推出H5（HTML5）加大热度。最后用一个聚焦针对孕妈的病毒视频，建立起情感联系、用最真实的洞察，圈住了“孕妈专车”的最核心用户。

这场活动得到社会广泛讨论、关注，引爆全社会对孕妈专车的关注和热议。结果显示，本次活动当日在微博话题榜上共获得了3000余万次的阅读量，2万多条的评论，登上话题榜第3名；在百度搜索的百度指数上，话题搜索量高达5000多次；腾讯、优酷以及微信、直播网站等新媒体平台上传播量也不断刷新纪录。

神州租车这次以明星孕妈为主题的营销活动，因具有极强的话题性，引发了产品广泛传播。不但进一步凸显了产品安全性这一爆点，还引发了人们对孕妈这个备受关注的群体安全的关注和深思，极具社会责任感。

因此，做事件营销还需要特意制造一些种子话题，种子话题的策划通常需要抓住3个核心要素，即时间、地点、种子事件，具体内容如表3-1所示。

表3-1　策划种子话题的3个核心要素

时间规划	围绕目标，给规划落地留足够的时间，围绕事件最佳执行时间去综合考虑，最终选择效果最佳、成本最低的一个时间点
地点规划	主要考虑落地性，话题性，事件的自我传播能力，风险预控
种子事件	这是最关键的一个点，事件必须是当时社会上大多数人、媒体，尤其是产品目标消费群体重点关注的。同时，也一定要有讨论性，便于大众就话题发表自己的思想和观点

（3）创造事件

事件营销可分为两个层次，一个是借势，借助社会事件来达到扩大宣传的目的；另一个是造势，即当没法借助事件时，我们可以自己创造事件。

有些事件即使很平凡，并不具备热点的元素，但经过策划者的提炼和渲染，同样可以引起广泛的关注。安踏进军儿童市场时，定下网络传播的核心诉求是“爸爸，请你每天提前回家1小时”，传播后引发社会受众共鸣。以亲子陪伴为出发点，提高受众对品牌的认同度和黏度，这样的营销方案花费不高，但效果很好。

3.2.2　爆点2：消费潮流

中国的消费者正在摆脱大众化、趋同化的传统观念，多样化、个性化、时尚化、数字化等趋势日益明显。一款产品只有符合消费潮流才可能被迅速传播开来，抢占消费者心智，走进消费者内心，最终击败竞争品在市场中站稳脚跟。

为什么智能家居市场风生水起、蓬勃发展，最主要的就是其满足了新生代们对居家生活个性化体验的需求，符合他们的消费心理和潮流。

现在很多年轻人都在讲体验、小众、多样化，其实背后是80后、90后这些新生代们追求自我、敢于表达、与众不同、独立审美观的表现，进一步体现了这一人群对于自由、平等、自我的崇尚与追求。

新生代的消费观念和习惯，是如今消费行业的主流趋势。随着新消费群体的崛起，新的价值体系正在被塑造，建立在新的价值体系上的商业模式一面更加开放，更加自我；另一面链接一切，又讲求效率；既垂直又跨界，既更加有专业精神又更加有趣，呈现出多元丰富的状态。

爆品需要迎合年轻人的消费潮流，甚至要引领潮流，这才是引爆市场的爆点。

案例5

格兰仕是国内知名的家电品牌，随着互联网的兴起，格兰仕也与时俱进，推出了第一个产业互联网品牌，简称UU。定位为80、90后奋斗路上的生活伴侣，旨在通过企业的科技创新和技术创新，打开广大年轻消费者的市场，带给有为青年一步到位的享受。

“UU”品牌以“高端、主流、精品、极致性价比”为标签，让年轻人在同等价格消费的基础上，能选择更多外观好看、品质高端、性价比高的智能产品。如UU变频空调、UU变频滚筒洗衣机、UU风冷冰箱、UU微波炉……

该品牌2014年创立，自创立以来，每年每个品类只打造一款专属产品，每一款产品都是集聚主流功能、极致性价比的爆款产品。产品定位于20 ~ 35岁的消费人群，每个品类每年专注做好一个系列产品。这也是“UU”与很多互联网产品的不同，不贪图大而全，只做小而美，专注于主流科技产品在年轻一族消费群体中的普及。

2016年是“格兰仕产业互联网品牌UU”创立两周年之际。在两周年庆典上，很多粉丝看到了由“五个U两两相连＋鼠标指针”组合设计的图形Logo，给人以鲜明的时尚感和动感。其实，这正是设计者的初衷，目的是将互联网的互动、沟通、以消费者为中心的特征展露无遗，五个U分别取自YOU、UNIQUE、TOUCH、YOUNG、UP，分别象征着服务的主流人群特质，响应奋发有为的年轻人的主流需求，定位“只为感动年轻的你”。

UU从定位、营销再到推广，无论是在线上还是线下，始终坚持两大原则：第一，用户永远是对的；第二，如果你以为错了，请参照第一条，这说明格兰仕一直在践行粉丝经济路线。对此，格兰仕相关负责人表示，“80后、90后年轻一代追求极致的生活体验，面对高端家电，往往在性能和价格之间难以取舍”。这就是实际性的用户需求，既然坚持以用户为中心的原则，那就说到做到。

正是由于格兰仕集团对用户的忠诚，UU产品始终以用户需求为导向的发展策略，从而受到了年轻消费者的青睐，一度成为同类产品中的领导品牌。

除此之外，很多品牌也在锁定90后新消费群体，可口可乐在中国2013年则开展了卖萌营销，在包装瓶身上最显眼的位置，出现了“纯爷们”“文艺青年”“高富帅”“喵星人”等网络流行语，不仅想抓住年轻人的眼球，还想抓住他们的心，离他们的价值观更近。

广汽丰田在2013广州车展重点推介新致炫，在两厢车领域主打年轻时尚路线，并邀请国内各大选秀节目的歌手为其创作主题曲，并通过全国巡演的方式为它营销，意在吸引一大拨狂热的粉丝，使他们成为致炫的潜在用户。

以上几个案例的运营思路表明，移动互联网时代企业应该坚定走“粉丝经济”路线，因为粉丝的力量是无穷的，若能加以整合、疏导与利用将产生不可估量的效果。

这是一个用户主导市场的时代，是“无粉丝不营销”的时代。粉丝是一个企业、一个品牌打开市场的基础。粉丝的数量与忠诚度显示着品牌的号召力、质量高低。那么，粉丝的这种数量和忠诚度优势是如何表现的呢？最直接的就体现在其传播力和消费力上，企业给粉丝提供产品和服务，而粉丝给企业带来的是庞大的市场和经济利益。

3.2.3 爆点3：消费心理

幼儿园的小华和小明看到桌子上有一个橘子，两个人都想要。可橘子只有一个，老师想了一个办法让他俩同时感到满意，老师用的是什么办法呢？

很多人可能会猜测办法是将橘子平分，一人一半，或者让一个小朋友切，另一个小朋友选；有的说，再买一只苹果代替；有的创新一点说，榨成果汁、制定游戏规则等。

最后老师将橘子瓤给了小华；橘子皮给了小明。这时可能很多人都觉得不可思议，如此分法会令孩子们满意吗？

原来，老师与两位小朋友进行了长时间的沟通，让他们自己提出想要的东西：小华想吃橘子老师就将橘子瓤分给她；而小明呢，第二天妈妈过生日，他想用橘子皮为妈妈做生日橘灯。这样的分配立即令两位小朋友十分满意。

这个故事告诉我们，无论做什么事情都必须抓住对方心理，只有抓住对方心理才能知道对方真正需要什么。“上兵伐谋，攻心为上”，要想提升产品的影响力和受欢迎程度，必须把握消费者心理。根据他们的心理进行产品的生产、制作和改进，从而达到符合某种心理的目的。从消费心理看，大多数消费者普遍存在两大类心理：一类是积极心理；另一类是消极心理。

（1）积极心理

① 求实心理

讲究实用，具有使用价值，这是消费者购买时普遍存在的心理动机，此类消费者对产品的质量格外重视，而对外形的新颖、美观、色调、线条及“个性”强调不多。

② 求利心理

这是一种“少花钱，多办事”的心理动机，其核心是“廉价”，花最少的钱，得到较多的利益。此类消费者也是最常见的，他们往往更看重产品的价格，即使质量很满意，也会因为价格不满意而放弃。

③ 求新心理

有这种心理的人在购买产品时，重视产品的欣赏价值和艺术价值，特别注重产品本身的造型美、色彩美，以及给人带来的精神享受。

④ 求美心理

有的消费者好赶“潮流”，对比较奇特的产品感兴趣，一般出现在经济条件较好、思想较开放的城市中，消费群体以年轻男女居多。

⑤ 求名心理

这是以一种显示自己的地位、威望为主要目的的购买心理。具有这种心理的人，多为那些处于社会高层的人，不过，由于名牌效应的影响，为了提高生活质量、个人品位，现在各阶层的人都开始有这种倾向，衣食住行都要选用名牌。

从求实、求利到求新、求美、求名的消费心理的转变，某种程度上代表了现代消费观念的转变。因此，做产品一定要学会根据消费心理的转变，改变卖点，只有时时刻刻以消费者的消费心理为导向，才能让对方喜欢上产品。

（2）消极心理

① 疑虑心理

怀有这种心理的人，动机过于复杂，其核心是对产品的质量、性能、功效持一种质疑的态度，会反复询问，仔细检查，以及关心产品的其他售后服务工作，直到心中的疑虑解除后，才肯掏钱购买。

② 被骗心理

这是对产品、对销售人员本人的一种不信任，其核心是怕“上当吃亏”。也许有过失败的购买经历，也许是道听途说，总之，怀有这种心态的人很难直接购买，除非你能拿出证据完全消除他们的担忧。

③ 仿效心理

这是一种盲目地从众式心理，人云亦云，他们没有自己的主张和主意，只是跟随社会潮流、周围人走。有这种心理的消费者往往不是急切地需要，而是为了追随他人，超过他人，以求得心理上的平衡和满足。

④ 偏好心理

这是一种以满足个人特殊爱好为目的的购买心理。有这类心理动机的人比较理智，购买的指向性也非常明确，具有经常性和持续性的特点。往往钟爱于某一固定或某一类型的产品。有某种特殊爱好的人居多，例如爱养花、爱集邮、爱摄影、爱字画等。

⑤ 隐秘心理

有这种心理的人购物时不愿被过多地干预，常常采取“秘密行动”。他们一旦选中某件产品而周围无旁人观看时，便迅速成交。青年人购买特殊产品时常有这种情况，一些知名度很高的名人在购买高档产品时，也有类似情况。

明确了消费者的积极或消极购买心理之后，就可以做到趋利避害、扬长避短。

3.2.4 爆点4：情感依赖

做产品需要先了解一个点，在为消费者提供高质量产品的同时，是否还可以满足他们的情感需求呢？现代心理学家研究认为：情感因素是人们接受信息渠道的“阀门”，在缺乏必要的“丰富激情”的情况下，理智处于一种休眠状态，甚至产生严重的心理障碍，对外界因素视而不见，充耳不闻。

如果我们把这种最真挚的情感渗入产品理念中，并在实践中进一步沉淀或升华，一定会引发一场产品革命。

案例6

一对中国年轻夫妇在美国定居多年，妻子怀孕临产前，先生到一家商场购买孕妇用品，当时商场的营销员跟他聊了很久，最后送给他一张婴幼儿用品的广告，这位先生随手将广告扔在了购物筐里。

几天后，孩子出生了，令他没想到的是，竟陆续收到免费试用的婴儿用品，以及小包装奶粉。夫妇俩非常惊讶，谁在这样做呢？后来才得知，原来是自己曾经去过的那家商场，商场对光顾过的客户都有详细的记录。因此，在妻子生产后，商场就特意送上了一份礼物。

从此，这家人便成了该商场的忠诚客户。

在情感爆点的挖掘上，这样的例子也很多，大到汽车，小到一款化妆品。

案例7

宝马创造出一种强烈的归属感，如果你和宝马的狂热者谈过，知道他们对该品牌的忠诚后就能感受到。历史上有两款悠久的汽车品牌——通用的土星（Saturn）和大众品牌，在创建品牌归属性上都有不错的成绩；还有哈雷车主会（harley owners group）的哈雷·戴维森摩托（harley-davidson）在这方面也成绩斐然。

化妆品也能够创造出很强的品牌识别性，如雅芳和玫琳凯的忠诚者便可以证明。还有美国的陶斯滑雪谷（taos ski valley），作为世界级的旅游景点，由于它绝妙的地形和独特的文化特色，吸引了数不胜数的忠诚者。

情感诉求，虽说不如理性诉求具有冲击力，但由此建立起来的后继关系却十分有力，有利于培养消费者的品牌忠诚度，恰到好处的情感营销更易为消费者所接纳。在案例中，我们看到这家商场通过赠送免费生活用品赢得了客户的心，使原本再正常不过的利益往来充满了人情关怀，使客户在同等的情况下，心理上享受了更多的舒适、便利。

人的生存需求分为两种：物质需求和情感需求，这两种需求既是因果关系，亦是相辅相成的。正是人类不断寻求情感上的满足这个“因”，才导致了物质上不断索取这个“果”，两者在不断的协调过程中会逐渐趋向于平衡，却又无法达到真正意义上的平衡。

从这个角度看，挖掘产品的情感爆点是非常重要的，可让产品深入消费者的潜意识，与消费者之间构建一种情感互动和交流。所以，产品需要符合消费者的情感需求，通过一系列的社会活动，激发人们的某种情感、需求、欲望，且将其转化为实际购买行为。没有情感的支持，任何宣传都会失色。

现代产品必须构建一种“与消费者共存”的理想状态，营造一个极具亲和力的情感氛围，在品牌中注入更多的情感因素。可见，在爆点打造中不可忽视情感因素，利用情感的影响力，挖掘消费者的潜意识，唤起心灵的共鸣。套用现在的流行话就是“以人为本”“以需求为导向”，但是要“源于生活高于生活”。这种营销方式不需要做太多调查，但一定要跳出自己的立场，“钻”到消费者的心里去。

3.3 着眼于产品本身提炼爆点

3.3.1 对产品有足够的了解

提炼产品爆点必须建立在对其自身有足够认识的基础上，就像修车师傅熟悉车的任何一个部件，就像理财分析师精通理财产品的每一个操作、原理。大多数企业之所以无法很好地抓住爆点，就是因为对产品了解不够。

一名优秀的产品经理，必须充分了解自己的产品，找到自己产品的优势，与竞品的差异，并善于提炼，明确地表达出来。

那么，应该了解哪些方面呢？这需要根据产品的类型而定。

根据行业不同，产品通常分为三大类型：耐用品（如服饰、家电、图书、珠宝首饰等）、快消品（如食品、蔬菜瓜果）、服务型产品（如理财、教育、咨询、娱乐等）。不同类型的产品，消费者的关注点不同，也就决定了我们在做爆点提炼时所关注的点也要有所侧重。具体如表3-2 ~ 表3-4所示。

表3-2 耐用品常见的爆点

耐久性	耐用、稳定
使用表现	简单、方便
社会地位	产品在行业中的领先地位
新技术	领先的技术，独特的功能
服务	完善的售前、售后服务
体验	可带给消费者独特的消费体验

表3-3 快消品常见的爆点

迎合性	建立目标受众喜爱的、认可的产品形象，将市场中最流行的、时尚的元素融入其中
普适性	价格适中，性价比高，适合大部分人使用
独特性	与众不同的特点
颜值	产品的包装、外观设计具有美感，给人感官享受
信赖度	品质、服务备受信赖

表3-4 服务型产品常见的爆点

信赖	企业的形象、实力、团队值得信赖
责任	对消费者、对员工、对社会的高度责任心
保证	在硬件和软件上严格规范，保证服务的质量
认同	有消费者认同的价值观
明确承诺	给消费者明确的承诺，打消他们的顾虑
服务型产品是无形的，来自于提供服务团队的行动，因此更强调“人”的因素	

3.3.2 根据产品本身提炼的爆点

3.3.2.1 爆点1：产品基本信息

产品基本信息最简单，正因为简单才最容易被忽略，这正是为什么很多产品爆点在这方面没有足够体现的原因。其实，产品基本信息是消费者最关注的。打个比方，你买一款手表，第一反应肯定是看它叫什么？外形好不好看？产地是哪儿？有没有什么特殊功能？最终你可能因为是曾经听说过的牌子而购买，可能因为它的外形好看而购买，也可能因为一项特殊功能而购买。无论因为什么原因，总之你买了，你所看重的那个点可能就是商家重点打造的爆点。

换个角度讲，一款产品如果在基本信息上有足够特色的体现，往往可以打造引人注目的爆点，如表3-5所示。

表3-5 产品爆点与反映的基本信息对照表

产品列举	最大的爆点	反映的基本信息
小罐茶	小罐	产品规格、数量
红罐可口可乐	红罐	产品颜色、外形
云南白药	祖传秘方	产品成分、功能
百威啤酒	全世界销量第一	产品名称、品牌影响力

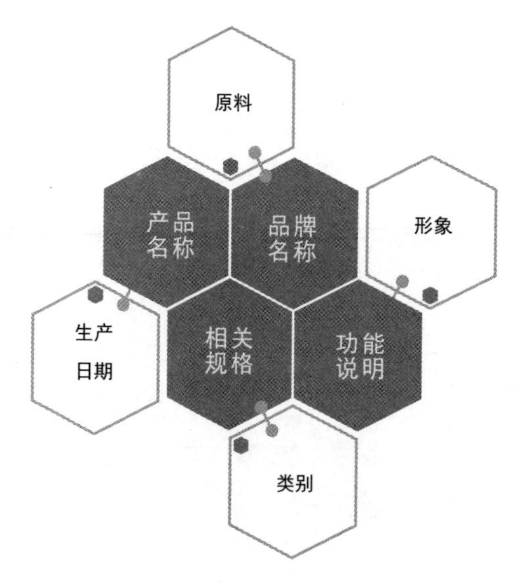

图3-5 产品基本信息所包含的内容

产品基本信息是产品呈现和传递自身信息的主要方式之一，通过打造基本信息爆点，消费者可以对产品有初步的了解。产品基本信息的内容主要包括：产品名称、品牌名称、相关规格、类别等，具体如图3-5所示。

不同行业，不同类型产品的基本信息也是有所差别的，上图中只列出大多数产品共有的，特殊差异除外。比如在餐饮业，制作工艺、口味等都属于产品基本信息层面的东西；在服务行业，服务的质量；在设计行业，设计风格等，也可列为产品的基本信息。

接下来，就来详细阐述一下还有哪些产品的基本信息可作为爆品的爆点。

（1）原料

依云矿泉水之所以能被打造成矿泉水中的“奢侈品”，正是因为原料这个爆点。依云矿泉水的水取自阿尔卑斯山上的千年积雪，经过不低于15年的岩层过滤及冰川砂层矿化而形成。再加上其稀缺的产量，及帮助身患肾结石的法国贵族Marquisde Lessert摆脱疾病困扰的故事，依云矿泉水成功地在消费者心中树立了尊贵、典雅、富有生机的品牌形象。也使其能够用超过普通矿泉水十几倍的价格销往全球超过140个国家及地区。

（2）制作工艺

真功夫的崛起，因其致力于深度挖掘传统烹饪技艺，并研发设计出了“电脑程控蒸汽柜”，从而使“蒸”这一烹饪工艺得到进一步普及推广。为了同美式快餐实现差异化竞争，真功夫将“绝不做油炸食品”作为自己的品牌理念。与麦当劳、肯德基等以“炸”“烤”烹饪工艺为主的海外快餐品牌形成较强的区分度。

（3）包装/形象

形象也可以成为企业打造卖点的关键。例如，在网络上盛极一时的“流氓兔”证明了“信息伪装”在病毒式营销中的重要性。韩国动画新秀金在仁为儿童教育节目设计了一个新的卡通兔，这只兔子相貌猥琐、行为龌龊、思想简单、诡计多端、爱耍流氓、只占便宜不吃亏，然而正是这个充满缺点、活该被欺负的弱者成了反偶像明星，它挑战已有的价值观念，反映了大众渴望摆脱现实、逃脱制度限制所付出的努力与遭受的挫折。

流氓兔的动画、闪图出现在各BBS论坛、应用站点和门户网站中，私下里网民们还通过聊天工具、电子邮件进行传播。如今这个网络虚拟明星衍生出的商品已经达到1000多种，成了爆品的经典案例。

（4）服务

在服务的爆点方面，迪士尼是做得比较好的。游客前往迪士尼乐园或者购买其推出的相关产品，本身就是为了享受更多的快乐，如果不能为消费者提供优质的服务，必定会导致用户大量流失，从而影响自身的品牌形象。所以迪士尼十分重视对服务人员进行培训及为他们提供高水平的薪资待遇，强调团队合作及责任意识，从而有效提升自身的综合服务能力。

3.3.2.2 爆点2：产品优势/特色功能

在产品同质化的今天，产品必须有自身的优势、特色才能吸引消费者的关注。产品的优势、特色通常表现在两个层面：一个是静止优势，如产品的特色功能、技术优势、制作优势、价格优势等。

如高德地图就曾利用自身的技术优势做过一次推广。

案例8

2015年春节前夕，高德地图为宣传自己的2015新版地图，发起了一个“回家之路，远方不远”的互动活动。主题为“回家的路幸福而坎坷，还好并不孤独，看看有多少人与你一路同行”。这是一个在H5（HTML5）页面上的广告，主要依靠微信朋友圈传播，参与者不但可以翻阅一页一页或煽情、或悲情的千里归家场景，同时也可以在地图上标注出回家的路线。只要标出路线的始末，随即就可以看到里程数和“与你同行”的总人数，如图3-6所示。

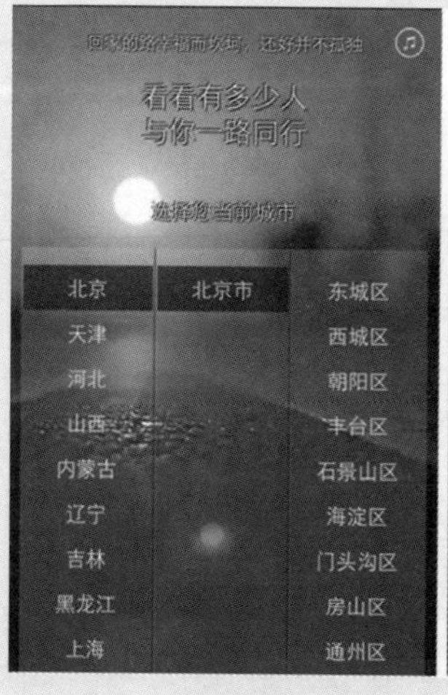

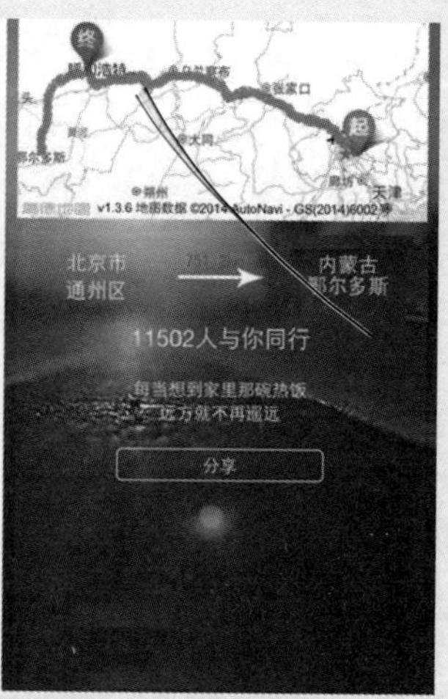

图3-6　高德地图“回家之路，远方不远”互动活动

当然，高德地图还不忘注入春节团圆的情感元素，在页面上呈现这样的话“每当想到家里那碗热饭，远方就不再遥远”，为内容分享机制再助推一把。

高德地图结合自身LBS（Location Based Service基于位置服务）数据整合能力，以技术为驱动，把“春节回家”这个千古命题赋予了新奇的意趣。加上春节回家的特殊情感，就是一幕画面唯美的科技人文剧。

再如某品牌矿泉水曾利用制作、设计优势做推广。

案例9

聚会、游玩、开会、打球，矿泉水是很多人的必备，然而，几乎每瓶都不会完全喝完，造成了大量浪费。原因不在于人们故意浪费，而是有时候当把喝剩下的水胡乱放置后，无法分清哪瓶水是自己的，最终只能打开一瓶新的，或选择不喝。为此，一矿泉水品牌想了一种方法，在设计瓶身时添加特殊油墨涂层，以方便人们做记号。刮开涂层，可手写名字，或留下特殊标记，如图3-7所示。

图3-7　可做标记的矿泉水

一个小小的改变，成功解除了无法辨别哪瓶水是自己的尴尬。同时也体现了“节约用水，反对浪费”的理念，倡导更多人关注水资源。

另一个层面是动态优势，即针对消费者的需求，与竞争品对比之后体现的优势。

案例10

某酒企业希望找到自家酒与其他酒的区别，产品策划人员于是到生产车间参观，寻找灵感。他在参观时看到每个酒罐都会进行蒸馏杀菌，于是就想到了以“洁净”为卖点，重点突出绿色、健康，以迎合消费者追求安全、养生、高品质生活的心理需求。同时，这一卖点也是同类产品所没有提到过的，尽管对酒罐进行蒸馏杀菌是酒行业的惯例做法，但没有任何一个品牌强调过这一点。

产品策划人员立刻改动所有的广告文案，突出酒的“洁净”，连瓶罐都经过蒸馏杀菌。后来，这也成了该品牌酒的独特爆点。

较之第一种优势，动态优势更容易打动消费者。因为很多优势本身就是个动态过程（除非产品有绝对优势，在市场中有绝对支配权），处于不断变化中。对消费者甲是优势，对消费者乙就不一定是，在没有竞品出来前有优势，在竞品出来后就没有了。

一款产品可能具有100种优点，但这些价值和优点并不全是爆点，如其中一部分可能很多同行都有，这不叫优势；其中一部分是消费者不关心的，这也不叫优势。所以，要想让产品具有优势，必须是最核心的、独有的，或显著优于竞争者的，且是找到消费者最关心的核心优点。

换言之，产品卖点应与竞争者形成差异，同时还要足以吸引消费者。假如你的产品不符合消费者需求，与竞品没有太大区别，消费者就没有理由选择你的产品。因此，提炼爆点，需要找到产品的绝对或相对优势，研究产品的特色、功效。同时，与竞品做对比，仔细寻找是否还有漏掉的优势，是否可以找到独特卖点，从而让产品更有竞争力。

3.3.2.3 爆点3：产品价格

价格，是消费者最关心的问题，如果你是个有经验的人，就会发现无论做什么交易，在何种场合，客户的谈话永远离不开价格。没有一个消费者不对价格感兴趣，他们眼中最先看到的是价格，最大的乐趣就是与你讨价还价。

其实，价格对企业来讲也很重要，价格是价值的外在表现，深刻影响着产品价值的发挥。

很多企业十分重视产品的定价这一环节，也有的产品还在生产环节，甚至还在策划阶段，就已经开始考虑价格问题，先对价格有个大致定位，然后再根据价格圈定目标消费群体、消费需求，决定如何生产、设计、销售。

案例11

以汽车业为例，各个品牌的产品，以不同的价格策略，满足着各细分市场的消费者需求，如表3-6所示。

表3-6　细分市场与产品的关系

细分市场	举例（汽车）
顶级	劳斯莱斯
黄金标准	雷克萨斯
豪华	奥迪
特定需要	皇冠
中档	卡罗拉
便利	花冠
类似品但较便宜	威驰
价格导向	雅力士

可见，在产品系统中价格是首先需要被考虑的一个因素。价格是推动企业参与市场竞争、产品走向市场的主要手段之一。因此，企业除了要根据不同的目标，选择不同的定价方法外，还要根据复杂的市场情况采用灵活多变的方式。

接下来，我们来了解一下4种常见的产品定价法。

（1）撇脂定价法

将新上市、价值较高的产品定一个较高的价格，使得短期内获取厚利。“撇脂”指从牛奶中撇取奶油之意，意为取其最有价值的那部分，尽快获利。

这种方法适合需求弹性较小的细分类产品，优点是可快速利用较高的价格提高身价，满足消费者的求新心理；机动性强，产品一旦进入成熟期后，随机开始逐步降价，可再次利用价格优势吸引新的购买者。

缺点是不利于扩大市场，很快招来竞争者，迫使改变价格策略。

（2）渗透定价法

在新产品投放市场时，价格定得尽可能低一些，其目的是获得最高销售量和最大市场占有率。

这种方法适用于没有显著特色、竞争激烈的新产品。其优点：①能迅速为市场所接受，打开销路；②低价薄利，减缓竞争，获得一定市场优势。

（3）心理定价

根据消费者的消费心理定价，比如，我们常见的有些产品价格为199.98元或199.99元，为什么不直接定为200元？这就是考虑到消费者的心理，尾数定价能使消费者有一种“价廉”的错觉，差一分或两分不到整数，其对购买者的心理触动是不一样的。

还有的产品由于同类产品多，在消费者心目中形成了一种习惯上的价格，难以改变，于是会按照惯例去定价。此种定价法目的是，满足购买者的习惯性心理，避免招致反感。

（4）“歧视”定价

这种歧视不是带有歧视的定价，而是企业往往会根据不同客户、不同时间和场所来调整产品价格，实行差别定价，即对同一产品或劳务定出两种或多种价格，但这种差别不反映成本的变化。主要有以下几种形式，如表3-7所示。

表3-7 “歧视”定价的4种形式

① 根据不同客户群定不同的价格
② 根据不同的品种、式样定不同的价格
③ 根据不同的部位定不同的价格
④ 根据不同时间定不同的价格

实行“歧视”定价的前提条件是：市场必须是可细分的且各个细分市场的需求强度是不同的；商品不可能转手倒卖；高价市场上不可能有竞争者削价竞销；不违法；不引起消费者反感。因此，企业要懂得商品背后隐藏的价格策略，了解产品常见的定价策略，在向消费者推销时学会用价格来影响消费者的购买心理。

价格，是一款产品身份的象征，不仅体现着产品价值的大小，而且还兼顾着消费者需求，市场变化。也正因此，价格也就真正成了影响购买者评价商品好坏，是否决定最终购买的第一因素。因此，企业必须懂得运用价格策略去影响消费者，通过调低或提高价格来激发消费者的购买欲望。

3.3.2.4 爆点4：产品组合

一款爆品在市场中的表现是有周期的，也是有限的，受竞品的冲击即使再好也不可能长久占据优势。因此，企业需要对爆品进行相应的升级，制定持久作战的战略。对产品进行有效组合，是一个非常有效的升级方法，省时、省力、高效。

通过对产品进行组合，既可实现不同产品资源的优化配置，让产品更多样化、更个性化，也有利于实现差异化竞争，在竞争中获得独特优势。

案例12

某商店里的瓶启子一年里几乎没有销量，而放在啤酒边上后销量提高了好几倍；一个卖西瓜的商贩3元钱/斤无人问津，加个勺子3.5元/斤卖到脱销。这里不是瓶启子、勺子变得有吸引力了，而是顾客喝啤酒往往需要瓶启子，吃西瓜需要勺子辅助，因而在买目标商品时也会顺便买附加商品。

那么，什么是产品组合？所谓产品组合，是指企业将生产或经营的全部产品、产品项目，根据特定逻辑，按照特定方法进行重新捆绑和组合的营销方式。产品组合的实现一般可从三个维度入手，分别为广度、深度、一致性，如图3-8所示。

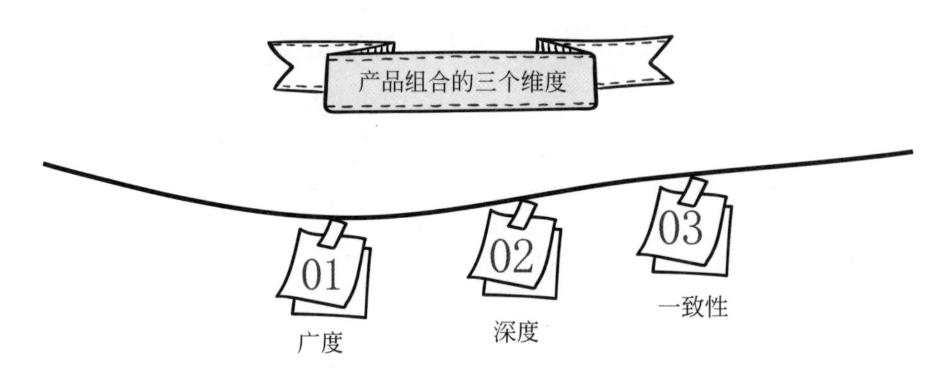

图3-8　产品组合的三个维度

（1）广度——增加或缩减产品数量

广度是指在原有的产品线内，通过增加或缩减产品数量来实现产品的组合，达到优化配置的效果。

① 增加产品数量

也叫扩大产品组合，是指增添一条或几条产品线，增加新的产品项目，扩展产品经营范围，扩大产品组合的广度。扩大产品组合的具体方式可以有以下4种，如图3-9所示。

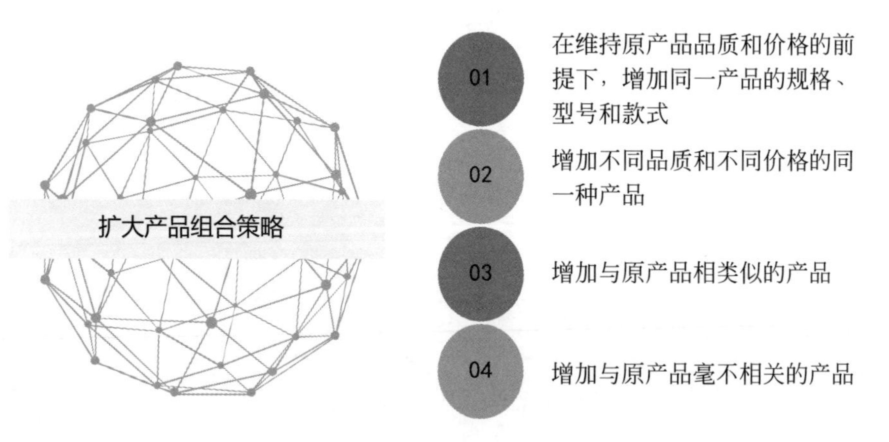

图3-9　扩大产品组合策略的4种方式

从宏观上看，扩大产品组合就是充分利用企业信誉和商标知名度，完善产品系列，扩大经营规模；充分利用企业资源和剩余生产能力，提高经济效益，分散市场风险，降低损失程度。扩大产品组合策略也在逐步成为许多大企业的市场竞争手段。

② 缩减产品数量

也叫缩小产品组合，与扩大产品组合相对。即削减产品线或产品项目，实行相对集中的经营。适用于一些获利较小的产品，把生产力集中起来去经营那些获利较大的产品线和产品项目。

缩减产品组合策略的方式也有4种，如图3-10所示。

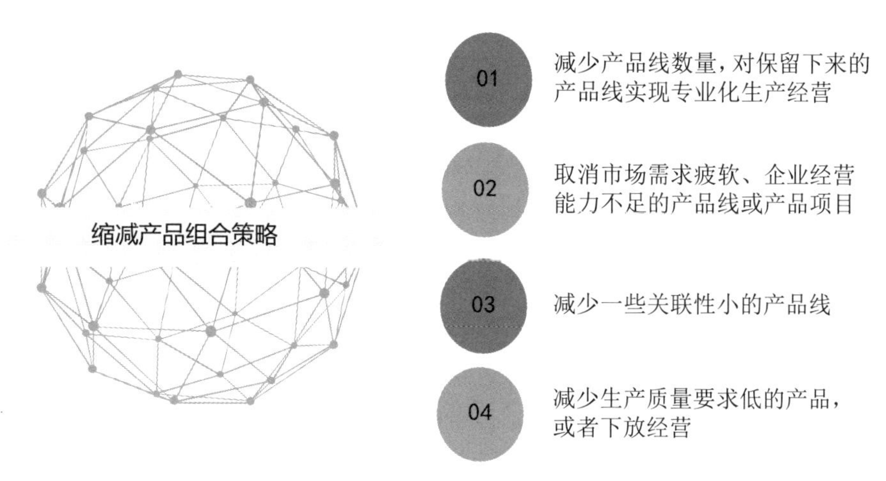

缩减产品组合策略
01
减少产品线数量，对保留下来的产品线实现专业化生产经营
02
取消市场需求疲软、企业经营能力不足的产品线或产品项目
03
减少一些关联性小的产品线
04
减少生产质量要求低的产品，或者下放经营

图3-10　缩减产品组合策略的4种方式

缩减产品组合策略一般会在企业经营出现困境时采用，有利于企业把资源和技术力量集中起来，进行产品品质的改进，从而提高产品的知名度。从生产经营上看，缩减产品组合会令企业经营更加专业化，从而提高产品的生产效率，降低生产成本，减少资金占用，加速资金周转。

美国通用电气公司在20世纪60年代，由于对电子计算机和喷气式发动机开展先行投资而出现赤字，随后被迫实施缩减产品组合策略，把经营资源重点分配给预计会有发展前途的领域，研究开发的重点和设备投资也集中在有希望增长的领域。

（2）深度——对产品进行分档

分档就是在原有产品线内划分高、中、低等多档次、价格层次的项目，以满足不同消费群体的需求。图3-11为分档产品与消费群体的需求对应示意图。

高档产品策略

针对一些高档消费人群。这类产品容易为企业带来丰厚的利润，提高现有产品的知名度、提升市场地位，更有利于带动企业的技术水平。

中档产品策略

介于高、低档产品之间的一种产品，主要满足那些有一定经济能力，注重产品品质，但又特别在意价格的消费者。

低档产品策略

满足那些消费水平较低的消费者。同时，低档产品会借助现有的高档产品的知名度，吸引消费者慕名来购买低档廉价产品。

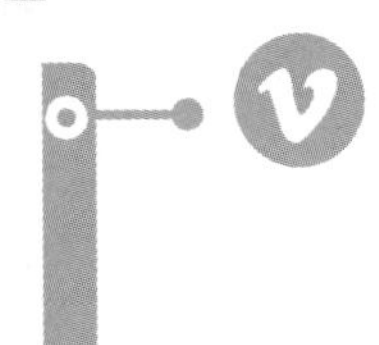

图3-11　分档产品与消费群体的需求对应示意图

① 高档产品策略

这种策略主要是针对一些高档消费人群。这类产品容易为企业带来丰厚的利润，提高现有产品的知名度、提升市场地位，更有利于带动企业的技术水平。

② 中档产品策略

这种策略是介于高、低档产品之间的一种产品，主要满足那些有一定经济能力，注重产品品质，但又特别在意价格的消费者。

③ 低档产品策略

这种策略目的是满足那些消费水平较低的消费者。同时，低档产品会借助现有的高档产品的知名度，吸引消费者慕名来购买低档廉价产品。

④ 高档+中档+低档产品策略

这种策略可以充分利用企业现有的生产能力，补充产品的项目空白，形成产品系列。这样的产品组合方式不但能够增加销售业绩，还能扩大市场占有率，为企业寻求新的市场机会。

案例13 

华龙方便面共有17种产品系列，十几种产品口味，上百种产品规

格。其合理的产品组合，使企业充分利用了现有资源，更广泛地满足了市场的各种需求，占据了消费市场。华龙面根据经济发达程度推出不同的产品类型，如在经济发达的北京推广目前最高档的“今麦郎”桶面、碗面。华龙面根据年龄因素推出适合少年儿童的A－干脆面系列；适合中老年人的“煮着吃”系列。

华龙面的产品组合是一个高中低档相结合的产品组合形式，而低档面仍占据着其市场销量的大部分份额。华龙面既有低档的大众系列，又有中档的甲一麦，也有高档的今麦郎。华龙面还根据不同的区域采取高中低档产品策略，比如在方便面竞争非常激烈的河南市场一直主推的就是超低价位的六丁目系列，它的零售价只有0.4元/包。而在东北，在继“东三福”之后投放中档的“可劲造”系列，在大城市投放“今麦郎”系列。

华龙面在同一区域也采取高中低档面的产品组合模式，并发不同消费层次的市场。比如在东北、山东等地都推出高、中、低三个不同档次、三种不同价位的产品，以满足不同消费者对产品的需要。

（3）一致性

需要注意的是，产品随意组合，也不是越多越好，应该选择最有利于爆品发展的、与爆品间的关系最具关联性的组合产品。

因此，企业在制定爆品战略时，要注意产品系列之间的相互关系，组合产品系列之间要在最终用途、消费者群体、生产条件、销售渠道等方面存在某种联系。否则，组合后的效果很难达到最佳，甚至适得其反。

那么，组合的产品需要有哪些一致性呢？具体如下。

a. 目标消费群体的一致性；

b. 销售商、中间商、代理商为同一人（企业）；

c. 需求的一致性；

d. 功能、功效相仿，或互补。

3.3.2.5 爆点5：产品包装

支撑一个爆品“暴走天下”的有4P，包括价格（price）、产品（product）、地点（place）和促销（promotion），简而言之，也就是我们常说的4P理论。而在互联网时代有人将包装列为第5P（packaging）。

包装对产品起着保护、便于储藏、运送、信息提示的作用，而现在的包装除了具有以上传统功能外，还承担着吸引“眼球”的作用。良好的包装能吸引消费者的注意力。互联网时代是一款产品过剩而注意力稀缺的时代。

以网络为基础的经济本质是“注意力经济”，最重要的资源是注意力。因此，如何让产品快速吸引消费者的注意力，成为一个非常关键的问题。在这种经济形态中，产品包装也逐渐成为打造爆款的重要爆点之一，这个点打造得好，将大大有利于产品的宣传和推广，刺激消费者的购买欲望。

有很多爆款其包装闻名于世，如雷格女用连裤袜、雀巢咖啡的纸壳等。产品的包装策略主要有以下几种。

（1）类似包装策略

对生产的产品采用相同的图案、近似的色彩、相同的包装材料和相同的造型进行包装，便于消费者识别出本企业产品。只能适用于相同的产品，对于品种差异大、质量水平悬殊的产品则不宜采用。

（2）配套包装策略

将数种有关联的产品配套包装在一起成套供应，便于消费者购买、使用和携带，同时还可以扩大产品的销售。使用配套包装策略的好处在于可以带动产品配套销售，尤其是增加某种新产品时，可使消费者不知不觉地购买新产品，有利于新产品上市和普及。

（3）再使用包装策略

是指使包装具有一定的使用价值，即产品使用完后包装物还有其他的用途。如各种形状的香水瓶可作装饰物，精美的食品盒也可以被再利用等。

这种包装策略可使消费者感到一物多用而引起其购买欲望，而且包装物的重复使用也起到了对产品的广告宣传作用。

（4）附赠包装策略

在包装中附赠礼品，或包装本身可以换取礼品，可以吸引消费者的惠顾，导致重复购买。

如“芭蕾珍珠膏”，每个包装盒附赠珍珠别针一枚，消费者购至50

个后，就可以串一条美丽的珍珠项链，这使珍珠膏在国际市场畅销。

（5）改变包装策略

即改变和放弃原有的产品包装，改用新的包装。由于包装技术、包装材料的不断更新，消费者的偏好不断变化，采用新的包装以弥补原包装的不足。

值得注意的是企业在改变包装的同时必须配合做好宣传工作，以避免让消费者以为产品质量下降或造成其他误解。

（6）分类包装策略

即根据消费者的特征、消费心理、消费习惯进行分门别类的包装，如根据情趣、年龄、性别进行包装。

情趣式包装：按照包装造型、色彩、图案的艺术感等来赋予一定的象征意义，其目的在于激发消费者的情感，使消费者产生联想。

年龄式包装：即按年龄段设计相应的包装，采用不同年龄段的造型、图案、色彩等，其目的在于满足不同年龄消费者的需要。

性别式包装：按性别不同采用与性别相适应的包装。男性用品包装追求潇洒、质朴，女性用品包装崇尚温馨、秀丽、新颖、典雅，其目的在于满足不同性别消费者的需要。

（7）礼品式包装策略

这种包装策略是指包装华丽，富有欢乐色彩，包装物上常冠以“福”“禄”“寿”“喜”“如意”等字样及问候语，其目的在于增添节日气氛和欢乐，满足人们交往、礼仪之需要，借物寓情，以情达意。

（8）企业协作的包装策略

联合当地具有良好信誉和知名度的企业共同推出新产品，在包装设计上重点突出联手企业的形象，这是一种非常实际有效的策略，在欧美、日本等发达国家是一种较为普遍的做法。如日本电子产品在进入美国市场时滞销，后采用西尔斯的商标，以此占领了美国市场。

尤其适用于企业在开拓新的市场时，由于宣传等原因其知名度可能并不高，所需的广告宣传投入费用又太大，还很难立刻见效的情况。

（9）绿色主题包装策略

随着消费者环保意识的增强，绿色环保成为社会发展的主题，伴随着绿色产业、绿色消费而出现的绿色概念营销方式成为企业经营的主流。因此在设计包装时，可以选择可重复利用或可再生、易回收处理、对环境无污染的包装材料。如用纸质包装替代塑料袋装，羊毛材质衣物中夹放轻柔垫纸来取代硬质衬板，既美化了包装，又顺应了发展潮流，一举两得。

这种包装容易赢得消费者的好感与认同，也有利于环境保护和与国际包装技术标准接轨，从而为企业的发展带来良好的前景。

（10）等级式包装策略

由于消费者的经济收入、消费习惯、文化程度、审美眼光、年龄等存在差异，对包装的需求心理也有所不同。

一般来说，高收入者，文化程度较高的消费者，比较注重包装设计的制作审美、品味和个性化;而低收入消费层则更偏好经济实惠、简洁便利的包装设计。

企业可根据不同层次的消费者特点，制定不同等级的包装策略，以此来满足不同层次的消费群体。

3.4 凸显产品价值，挖掘爆点

3.4.1 聚焦核心价值，挖掘人格化爆点

人格化是爆品的“灵魂”，一款产品没有自己的人格核心价值，就像失去灵魂的生命终将在激烈的竞争中率先死去。互联网时代，消费者已经不再单纯满足于产品的功能性利益、精神利益，而是希望获得更高层次的满足，找到心理深层的体验与共鸣。如对水果的要求，不仅仅是品质保障、安全卫生，还希望通过消费特定的水果实现身份认证，情感归属。

因此，凸显人格核心价值，打造人格化爆点，是产品向爆品进化与发展的需要，也是最终获得消费者认可的需要。

（1）什么是人格核心价值

所谓人格核心价值是指产品带给消费者的人格利益。产品核心价值一般包含3个子价值：物质价值、精神价值、人格价值。人格价值是其

中之一，也是爆品区别于普通产品的根本所在。其相互之间的关系如图3-12所示。

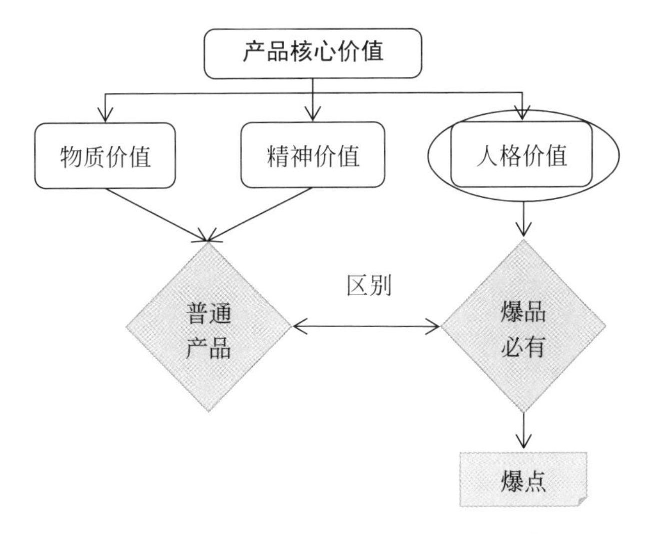

图3-12　产品核心价值－人格化爆点的关系示意图

大多数产品在物质价值、精神价值都有充分体现，这是一款产品存在的基础，但在人格价值上做得就比较欠缺。物质价值是产品向消费者传递的物质利益，如舒肤佳香皂，香皂是物质的，能起到去污、洁净的作用，这些都是物质层面的利益；精神价值，是消费者在使用产品过程中引发的心理感应和情感共鸣。如喝乐百氏纯净水的时候，很多人脑海中会浮现出“27层净化”，这就是情感共鸣。精神价值让消费者产生了不一样的感觉，这种感觉是产品核心价值所必须要表达的。

而爆品还必须在人格价值上有一个充分体现，如汽车行业最受欢迎的三大“王牌”：宝马、奔驰、沃尔沃，它们的人格价值就体现得很充分。

案例14

宝马的价值观是“追求乐趣”，是青年才俊的标配；奔驰的价值观是“尊贵和地位”，适合年龄稍大、事业有成的人群；沃尔沃的价值观是“安全”，倍受“视生命安全为第一”的大众人群青睐。当产品有了个性化的性格，与消费者的人格产生了联系，就必定会受特定人群喜欢。

有人格的产品就像人一样是有血有肉、有情感的，会给消费者留下难忘的印象。因此，对于爆品，人格价值已经成为深入其骨髓的神奇力量，是做爆品必须达到的要求。纵观那些在同类产品中脱颖而出的爆品，它们都有自己的“人格”，如表3-8所示。

表3-8　爆品在人格上的体现

产品列举	人格
万宝路香烟	粗犷豪迈
哈雷（机车）	无拘无束
百事可乐	年轻刺激
LEVI'S牛仔裤	结实强壮

产品的核心价值中人格价值既然如此重要，那么，人格核心价值有什么作用呢？以下来阐释人格核心价值的价值体现。

（2）人格核心价值的作用

① 构成爆品的主体

它能让消费者明确、清晰地识别并记住品牌的利益点与个性，是驱动消费者认同、喜欢乃至爱上一个品牌的主要力量。

因此，做任何一款爆品都需要想清楚，你所做产品的核心价值是什么？也就是说能为用户持续提供哪些价值，只有持续的核心价值被验证是可靠的，产品才有可能获得持续的成功。

② 营销传播的支点

产品的人格价值是企业进行一切营销活动的支点，所有的营销活动都要围绕整个核心价值而展开。一款产品由多个传播点构成，这些传播点也能够帮助产品在短时间内得到大规模的传播，或者能够改善品牌的特性、定位问题。但只有核心价值决定着该产品的最终命运，是成为爆品，还是很快就“泯然于众人矣”。

案例15 

微信，2010年推出时是围绕“免费短信”“免费语音”进行

的，但这些传播点一直没能引爆用户量。真正带来用户量暴发的是二维码、朋友圈等即时通信、熟人社交功能。时至今日，微信之所以能够支撑起9亿活跃用户，其核心价值依然是即时通信、熟人社交。如果当初微信团队真把免费短信、免费语音、摇一摇等传播点当成产品的核心价值来经营的话，微信也不会成为用户量最大的社交工具。

③ 吸引消费者持续消费的核心

产品人格化还有一个重要的作用，就是向消费者揭示产品的某种特质。产品与消费者之间的关系，可以看成一种非公开的合同或者约定。消费者对产品的信任和忠诚，暗暗地揭示出他们相信这种产品会带给他们所期望的需求。

爆品通过温度、情感、交互的高体验，向消费者提供了质量、价格以外的利益和效用。当消费者尝到了购买的好处时，内心中产生愉悦。为继续保留消费的满足感，他们就很愿意继续选择该产品。

3.4.2 放大附加价值，挖掘个性化爆点

一款爆品除了具有核心价值外，还应具备高附加价值。附加值，顾名思义是指在产品原有价值的基础上，通过人为的运营、策划等，创造出的新价值和延伸价值。即产品原本没有，而后经过人为添加上去的价值。这些价值是原有价值的放大和延伸，可有效保证产品保持特色和个性，与同类产品差异化。

要想打造成一款成熟的爆品，还需要为产品赋予更多的附加值，这种附加值可以是品牌故事、产品文化、符号象征、生活理念等。例如，可口可乐将自身塑造成装在瓶子里的美国梦；百事可乐则为自己贴上了年轻富有活力的标签；王老吉在满足消费者降火、止渴等需求的同时，还成为一种中国传统凉茶文化的象征。

可见，附加值多是核心价值的延伸和放大，多注重心理感受层面，以影响消费者心理为主。那么，爆品的附加值是如何影响消费者的购买心理的呢？主要体现在3个层面，如图3-13所示。

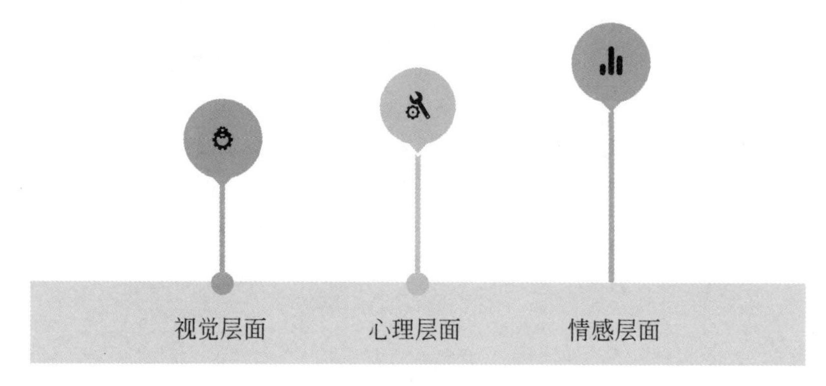

图3-13　产品附加值的3种呈现形式

（1）视觉层面

法国有一句谚语：即使是水果蔬菜，也要像一幅静物写生画那样艺术地排列起来，因为它的美感能撩起消费者的购买欲望。同样的产品，以什么样的方式呈现在消费者面前，其效果是不一样的。

因此，可以利用视觉冲击来增加、放大产品的附加值，这是一种爆品附加值打造理念。除此之外，还可以通过改变产品的空间位置、陈列方式、组合形式以及形象来实现。

（2）心理层面

产品不能仅仅停留在满足消费者自身需求的浅层次上，还要兼顾消费者内心，看是否与消费者的消费心理冲突。一款产品各方面都做得很好，但违背了消费者的常规心理，令其产生抵触、反感情绪，同样很难令对方满意。

案例16

滴滴顺风车。顺风车的核心价值是便宜，不用挤公交。这个定位点让顺风车的推出对用户有实实在在的价值，使其能够保持长期的需求和使用行为。

但也有一个问题，顺风车所瞄准的年轻上班族（刚上班两三年，自己还没钱买车的）对于便宜、省钱这种理由标签是非常抗拒的。心里实际盘算的是这种方式省钱还舒服，但却不愿意让朋友知道自己这么斤斤计较，这么抠。对于司机也是有同样的心理，明明为了省油费还顺便赚点钱，但也不太好意思说出口，不愿意让自己变得跟出租车司机一样。

滴滴采取了一个很聪明的策略，让乘客、司机都不再有这种“逆心理”。方法就是与社交结合，植入强社交元素，突出搭车过程中的社交性，将顺风车变成一个新兴的、酷酷的社交渠道。这样就将这种直接与金钱相关的、低俗的物质利益变成了好玩、酷炫、高情操的社交。

因此，产品的附加值要注重消费者的心理感受，不能违背他们的常规心理，相反要帮助他们扫除固有的心理障碍，营造新的心理感受。

（3）情感层面

任何一款产品，超出其功能性的部分都是建立在某种情感之上的。这些情感既包括与生俱来的喜、怒、哀、乐，也包括在对产品认识过程中所产生的情绪，诸如看到美好事物而产生的轻松惬意；看到恐怖画面而产生的精神紧张、恐惧害怕等，这些都会以不同的生理或心理模式反映出来。

先通过案例来了解一下：日本和瑞士的“手表之争”。

案例17

提起手表，就想到了瑞士，瑞士生产的手表闻名于世。日本作为拥有新型高精技术的国家，近几年也在手表市场上大展身手，与瑞士形成了对峙之势。

日本将瑞士的手表买去，经过研究，改良成了日本的卡西欧。仿冒加改良就等于创新，经过这样一个过程，卡西欧也变成了世界名表。打着日本牌子进军瑞士市场，一度使瑞士表界大为恐慌，浪琴、劳力士、天梭、地托等各大牌子的名表都受到了极大的影响。于是，瑞士钟表厂商决定联合起来抵制日本。

不久，他们研制出了一款新的手表，而且表的价格不是很贵，与天梭、地托、劳力士相比，既经济实惠，又别出新意。

这种手表的创新之处在于，它可以根据人们搭配的服饰不同、心情不同，气候以及地区的不同，而变幻着手表的颜色。比如，黄色代表心情灿烂；绿色代表心中充满了希望，对万事都抱着一种美好的想法；黑色代表心情不好。

这款手表从推出来到现在已卖了近一亿只，非常成功。成功的原因除了独特的设计外，还在于它大大体现出了附加价值。设计者的设计理念就是，年轻、活泼、幻想、乐观、多变……主要针对年轻人的消费心理。

瑞士手表在生产过程中巧妙地植入了“颜色”这一元素，使手表可以根据消费者的心情、地区，以及气候条件的变化而发生改变。大大拓展了市场份额，增强了市场竞争力。

手表最基本的功能是为人们指明时间，现在却成了调节心情的一种工具，这使手表突破了原有的基本属性，其价值也无形中得到了放大。正是瑞士人对手表推陈出新的观念，才能使其在世界手表市场中占有一席之地。这不禁给我们一个启示：如果推销的产品也具有某个额外的特性、功能，那很有必要把它作为向消费者推销的一个亮点。让消费者了解这个亮点就是超出了产品价值的附加值，使消费者在采取购买行动上又前进了一步。

爆品附加值要能深入消费者心里，把握消费者的情感脉络。必要时，产品可以把人们的内心情感唤醒，以激发其相应的心理反应，尽快促成交易。

3.4.2.1 爆点1：品牌形象

我们常说一个人要活出自己的精气神，对企业来讲也要有自己的精气神，促使企业焕发出不一样的精气神的力量就是打造品牌形象。品牌，被认为是一个企业的无形资产，是使企业屹立于市场，保持旺盛竞争力的内在力量，更是做好私人定制产品，开辟私人定制市场的核心所在。

现在大多数企业都在拼创意。创意越新颖，花样越多，效果越好，一些企业在渠道争夺战、价格战、促销战等上花样百出。认真反思一下，一些被认为是营销的精髓部分正在被大家忽视——打造经典品牌。经典永远不会被抛弃，脑白金、乐百氏、农夫山泉、金龙鱼、采乐、汇源这些品牌为什么经久不衰，核心就在于这些企业抓住了品牌这个营销最主要的部分。

透过现象看本质，这些好的东西值得再度深思，何况我们要打开爆品的市场，更需要坚不可摧的品牌力量。品牌作用用最简单的话说就是：当产品的各种信息来到消费者面前或耳中的时候，消费者立刻会想到这一产品背后所代表的东西。这些东西包括：企业的实力、质量、给予我的价值、我喜欢这一品牌吗等诸多联想。

因此，品牌形象与产品营销不可分割，形象是品牌表现出来的特征，反映了产品的实力与本质。所谓的品牌形象，是指企业或其某个品牌在市场上、在社会公众心中所表现出的个性特征。它体现的是公众，尤其是消费者对品牌的认知、认可和评价。

那么，企业该如何打造自己的品牌形象呢？最有效、最容易上手的一种方法就是制造概念，通过某个概念让公众、消费者对品牌产生深刻印象，有一个全面的认知。就像下面即将提到的脑白金打造的养生概念，五谷道场打造的原生态概念，金龙鱼打造的温情概念。

这样一来，当人们提到这些品牌时首先涌现出来的就是或健康，或养生，或温馨的某个场面，在这种心理驱使下，对产品的喜爱、认可之情便会油然而生。

我们来看脑白金的案例。

案例18

脑白金是依靠品牌形象走向爆品的一个经典案例。中国保健品市场，向来以“养生”“健康”为切入点，也是最大的卖点。比如，红极一时的红桃K亮点是“补血”、三株口服液亮点是“调理肠胃”，它们都瞄准了一个核心问题，“保健康”。脑白金作为一款保健品，也难逃俗套，起初不也定位在“促睡眠”上吗？

当然，这也是符合当时市场需求的，一直以来，睡眠不好是困扰中老年人的一大难题，因失眠而睡眠不足的人比比皆是。曾有资料显示，国内70%的中老年人存在不同程度的睡眠不足，90%的老年人经常睡不好觉。可见，“睡眠”市场非常之大，因此，保健品市场几乎所有的产品都在制造“健康”概念。

但在中国保健品度过短暂的蜜月期后，保健品行业跌入谷底，红桃

K失色，三株口服液倒闭，脑白金也面临着转换角色。说到底，是概念定位的错位，这个概念起初提得非常好，抓住了中老年人希望健康长寿的心理，但是群众的眼睛是雪亮的，消费者很快发现这些所谓的保健品并不能起到保持健康的作用，或者说，作用微乎其微。于是，消费者的热情大减，保健品的信誉也就一落千丈。

在这种市场环境下，脑白金以极短的时间迅速启动角色转换，打起了“孝道”牌。自此，“今年过节不收礼，收礼只收脑白金”登上了历史舞台，广告画面历经几次更换，这句台词却一直未变，脑白金也因此登上了中国保健品行业“盟主”的宝座。

脑白金成功的关键在于找到了营销的轴心概念：“孝道”，把产品定位集中在儿女尽孝之上——以孝道定位引领消费潮流。中国，是非常讲究孝道的一个国家，逢年过节，儿女对父母，年轻人对长辈送礼都以孝为先，孝道市场何其浩大。

从养生的保健品到尽孝道的礼品，脑白金制造的这个“概念”是何等的有创意。脑白金以中国传统“孝”文化为基础，着眼于庞大的礼品市场，大大延伸了保健品市场的固有思维，让人知道，原来保健品还可以这样卖。也正因为具有了传统文化“孝道”这一概念，才将脑白金这个原本很普通的产品贴上了高大上的标签。

脑白金之所以价格节节攀升，购买者热情不减，就是因为其营造的品牌概念非常好：孝道。一款产品不在于其本身是什么，关键在于在消费者心目中是什么，这就是品牌的影响力。哪怕一件普通的衣服、一块平常不过的蛋糕，只要做好“品牌”这个立足点，同样可以获得市场的认可，获得消费者的青睐。

3.4.2.2 爆点2：品牌故事

人人都爱听故事，为什么？原因就在于其语言通俗易懂，内容生动有趣，即使深奥的大道理也可以用最简单的语言表述出来。赋予产品讲故事的能力，能够让产品“活”起来，呈现在消费者面前的不再是冷冰冰的外物，而是可以走进内心，与内心产生共鸣的、有温度的内容，能够让消费者从中获得产品功利性利益之外的更高层次价值。

讲好产品故事，产品才会被用户记住，一个好故事胜过一百只烂广告。

案例19

2000年初，意大利皮鞋“法雷诺”悄然登陆中国市场，被国内影视明星、成功男士、政界名流等消费群体所钟情。这些人钟情的不只是皮鞋新颖的款式、精细的做工、用材的考究，还有尽显成功自信、尊贵不凡的男人风范，这款鞋之所以被认为具有男人风范，这是因为有个充满传奇色彩的神话故事。

公元1189年，神圣罗马帝国皇帝腓特烈一世联合英法两国国王率领的第3次“十字军”出征，前往耶路撒冷。行至阿尔卑斯山附近时，天气突变，风雪大作，“十字军”脚冻得寸步难行。情急之下，罗马骑士法雷诺（Farino）让其他人把随身的皮革裹在脚上，继续前进。14～15世纪，意大利北部城市一家有名的皮鞋制造商，为纪念法雷诺将军的这段趣事，将自己生产的最高档皮鞋命名为“法雷诺”。“法雷诺”的美名由此流传开来。

故事为什么有如此大的魅力？原因就在于它是从影响消费者的心理开始的，它的传播带着情感。俗话说，攻心为上，意思是从心理上瓦解敌人的斗志为上策。打造爆点也是同样的道理，要善于影响消费者的心理。具体来讲，讲故事对消费者购买心理的促动作用是什么样的呢？如图3-14所示。

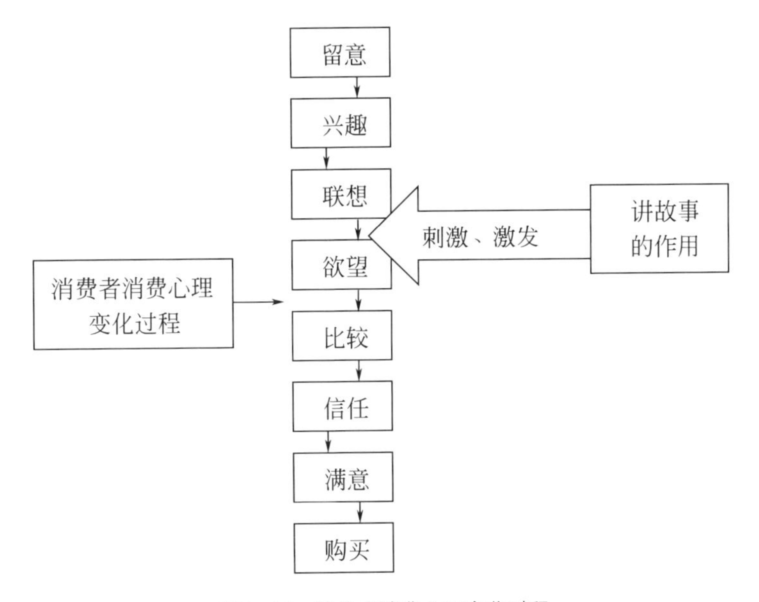

图3-14　消费者消费心理变化过程

（1）如何讲好故事

爆品要赋予产品讲故事的能力，挖掘故事性爆点，纵观每款爆品都有自己的故事，如海尔、蒙牛，每当人们提起它都会想到与之相关的很多故事。善于讲故事，把产品背后的故事讲给消费者听，通过故事让消费者对产品迅速产生信任和认可，可以大大增进双方之间的情感。

宜家，对讲故事的能力运用得十分娴熟，有很多值得借鉴之处。接下来就以宜家为例，阐述如何讲好产品故事。

① 有明确的目的和主题

每一个故事都要有明确的目的和主题，这是讲故事的前提，也是让目标受众通过听故事需要明白的重点。具体内容如图3-15、图3-16所示。

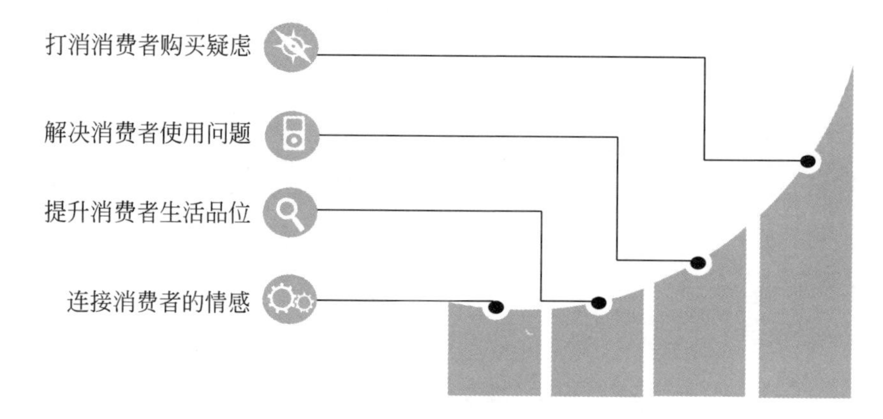

图3-15　宜家品牌故事的目的

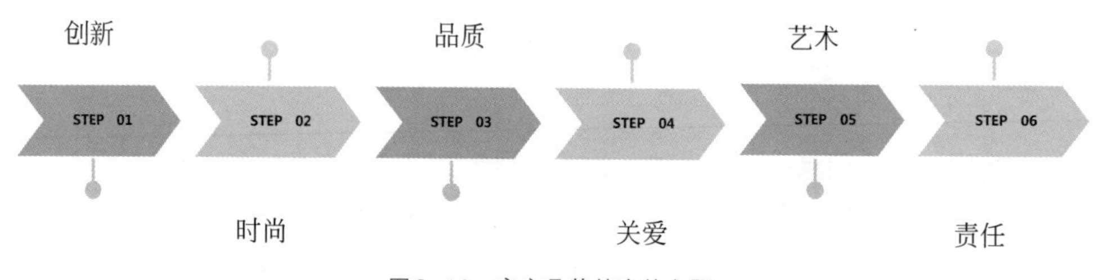

图3-16　宜家品牌故事的主题

② 多种故事类型同时进行

赋予产品讲故事的能力，不是讲好一个故事就够了，而是需要讲好一系列故事。宜家品牌故事大致有3个，分别为创新故事、品质故事、艺术故事。

a.创新故事。宜家对于“创新”有自己独特的理解，是一种真正意义上的“人性化”创新。

宜家在哥本哈根有一个创新实验室，叫“space10”。每年，在其推出的各类创新产品中，总会涌现出一些杰出的“爆款”，这些爆款就成为宜家宣传产品创新故事的源泉。比如，宜家PS2014吊灯，灵感来源于科幻电影和电子游戏，在2015年就获得了素有设计界“奥斯卡”之称的红点大奖。这个产品和获奖事件，本身就是一个极好的“故事”，因此，宜家不仅主动对此开展传播，还制作了关于这款产品创作者讲述产品诞生过程的故事视频。

b.品质故事。宜家产品的价格并不“高贵”，但其不仅注重创新，也十分注重产品品质。在宜家店铺现场，常会看到有一种特制的展示产品品质的透明“装置”，将品质这一抽象的概念，用眼见为实的方式展示，本身就是讲故事的一种创意方式。

c.艺术故事。做品牌、做营销一定要将产品“艺术化”。这也就是为什么那些“奢侈品”都努力把自己和艺术挂上钩，毕竟，艺术可以充当产品差异化价值的放大镜。就连像H&M这样快时尚的服装品牌，也努力地让自己艺术起来。

宜家的产品虽然价格实惠，但在设计感方面却很用心。为了体现这份追求和心思，它经常举办一些“艺术化”的活动，也经常邀请艺术人士参与到产品设计中来。

一年春季，宜家就推出了“摄影艺术”限量系列产品，该系列由世界各地的11位当代艺术家设计的11幅作品构成。从抽象派到写实主义，该系列展现了世界各地丰富多彩的当代摄影局面。这个计划其实包含了一个更大的目标：宜家要成为世界上最大的公共艺廊，让人人都能够以实惠的价格买到艺术杰作。

③ 多样化的讲故事方式

宜家讲故事的“方法”，除了文字、图片外，还通过各种品牌活动来体现。值得学习的是：它采用了非常多的视频手段，让故事本身讲述得更加真实、生动，且更具传播效果。

讲故事的方式仅仅停留于“线下”，影响的人群也相对有限。在互联网时代，宜家还特别针对某些“爆款”产品，单独拍摄了视频，来讲述产品背后如何苛求品质的故事。

（2）讲故事的原则

提到爆品，人们最容易想到的也许是其功能价值，比如好吃、好用、好看等。但是，一旦进入到实际的消费行动阶段，尤其是当最终做购买决策时，感性因素往往在不知不觉中发挥了主要作用，这个现象被称为“怪诞行为学”或者“理性的非理性”。

当然，策划爆品爆点也不能完全像讲故事一样，完全故事化显然有些不真实。因此，在引用或创造一个故事的时候，还应注意一些讲故事的原则，需要时时刻刻遵守。

① 真实性原则

讲故事，目的是让消费者从内心中产生信任，因此必须保证其真实性。不管如何说，说什么，最根本的一条就是它必须是真实存在的。有的企业虽然也是在向消费者讲故事，可是里面含着很多夸大的成分，只要消费者稍加推敲就可以发现其中的破绽，甚至有些谎言不攻自破，这样的事实如何能让消费者相信？

② 关联性原则

讲故事除了要具有真实性外，还有重要的一点就是，必须围绕“产品或相关内容”展开。时刻围绕“产品”这个主题，一旦脱离了主题，将失去任何意义。即使你说出的全是事实，也未必能打动消费者。有的企业将故事讲得天花乱坠，仔细一听都是些与商品无关的话题。

③ 具体性原则

很多消费者在买东西的时候并不追求产品十分完美，而往往是看中了产品的某一点或某几点就会产生购买行为。产品到底好不好，要让对方实实在在、清清楚楚地看到实际效果。即使产品的某一个小小的功能也能打动人。

3.4.2.3 爆点3：产品文化

在爆品生存策略一节中我们提到过，打造爆品一定要注重产品文化，其实，文化也是爆品的一个重要爆点。高端产品是需要文化支撑的，一个可让品牌长久不衰的根本原因就是其蕴含的深层文化。好的产品文化是消费者文化利益的代表，是文化个性的象征。利用产品文化形成利益、定位、认同，当消费者对品牌文化产生了认同时，这个品牌就可以长时间地占据消费者的内心。

案例20

同仁堂，它的品牌地位和影响力是用100年做起来的，那100年的药量有多少呢？如果没有“皇家御用”它的价值感就没有，那它的影响力也就没有，所以这个“皇家御用”塑造的是价值感。

像很多人民大会堂指定产品，塑造的也是价值感，用这一资源形成品牌的定位。同仁堂是“皇家御用”就定位了它是高贵的选择，不用讲它的深刻历史，也不用讲它有多高明的手段，只要认同就可以。

品牌的文化积累是企业走向成熟的过程，是企业运作思路、体系建设完善的证明和检验；其次，是市场分割的利器，在成熟的市场里，消费者选择什么品牌不选择什么品牌，85%以上选择的是感觉，感觉是由品牌定义出来的。我们对品牌的理解就是，品牌是消费者利益与价值的象征。这个利益价值再深刻点说就是消费者对消费市场文化利益和价值的认同。

所以品牌必须有一些文化底蕴，用“文化”作为武器去攻击消费者的内心，让消费者在心里产生认可，形成行动。这个攻击的过程就是品牌文化在消费者心中塑造的过程，那么，品牌文化是如何形成的呢？这就需要给产品赋予一定的“文化”标签。

具有创造力的大品牌，它的影响力，实际上还是它的文化影响力。在这种认同之下，消费者在选择的时候没有任何理由，因为文化认同，就像被同化催眠了。文化好的产品，能对消费者产生潜移默化的影响，促使消费者买了又买，最后可能连自己也不知道为什么会消费。

3W咖啡馆，它营造的就是第三场所文化，这种寄生文化是情感需要，是人性的需要，把它演绎出来，那它卖的是咖啡吗？不是，它卖的是文化利益、文化价值，让消费者在那里找到了自己，沉醉在自我当中。

04 Chapter

第4章

线上线下，齐头并进——善于利用多渠道是打开爆品市场的关键

爆品，以快制胜，唯快不破，一个爆品后会紧跟着一群竞争品。因此，爆品一旦形成必须马上传播开，让所有人都知道，引领市场潮流，让竞争对手永远无法超越。衡量一款产品能否成为爆品，最主要的一个指标就是能否实现快速传播，并让消费者接受和认可。同时，衡量一款产品经理是否合格，就是看其能否让爆品在最短的时间被市场、消费者接受和认可。

4.1 巧用粉丝媒介，实现口碑传播

4.1.1 粉丝口碑：让每个粉丝都成为宣传员

伴随爆品而行的总有粉丝的尖叫、爆棚的口碑。其实，在这个过程中，尖叫与口碑无形中就充当了传播的媒介。

雕爷牛腩卖的是口碑，卖的是独特的用餐体验，事事以用户体验为宗旨，就连菜品的更新也是。只有用户口碑好的，在社交媒体上被分享多的菜品才会保留。因此，雕爷牛腩成功的核心就是口碑，先让用户有体验、有尖叫，然后再树立口碑，去传播。

三只松鼠，初期也是在努力打造粉丝的尖叫和口碑。送纸巾、送垃圾袋，还有明信片、鼠标垫，卖一个坚果送一堆东西，确实令人尖叫。

在粉丝经济浪潮的推动下，一款产品如果能赢得粉丝信任，哪怕没有进行大规模的营销推广，也会赢得市场。因为大量粉丝会主动向自己的亲朋好友进行分享，在分享中，就建立起了良好的口碑效应，从而实现口碑营销，促使大众消费者参与进来。换句话说，好的口碑会带动产品的爆发，让产品成为爆品。

（1）粉丝口碑的作用和优势

我们已进入粉丝经济时代，而品牌营销与粉丝紧紧相连。因此，口碑是粉丝经济时代的重要传播媒介之一。一个人、一个市场、一个地区，对产品推荐、青睐、称赞得越多，品牌知名度就会越大。而这个知名度，却不是仅仅只靠广告累积的，而是真真正正的粉丝口碑。

口碑传播最重要的特征就是可信度高，因为在大多数情况下，口碑传播都发生在朋友、亲戚、同事、同学等关系较为密切的群体之间。在口碑传播过程之前，他们之间已经建立了一种长期稳定的关系。相对于纯粹的广告、促销、公关、商家推荐等而言，可信度要高很多。

（2）引发粉丝口碑传播的关键

粉丝不是普通消费者，他们往往是某款产品的最忠诚“信徒”，爱产品如“信仰”。因此，一旦获得他们的口碑，对企业来讲是一种“福气”，然而，想让粉丝主动说产品“好”很难，因为他们很挑剔，对产品，及产品体验有很高的要求。

那么如何鼓励粉丝进行口碑传播呢？重点要做好两方面的工作。

① 产品为王，品质至上

口碑是目标，营销是手段，产品是基石。优良的品质是打造粉丝良好口碑的基础，互联网时代的爆品追求“品质至上”，崇尚精耕细作的匠人精神，让消费者被极致的产品征服，让用户尖叫。反之，很快会被粉丝抛弃。

例如，如今竞争白热化的智能手机行业，不少品牌一味地用低价占领市场，却忽略了产品品质，致使许多消费者在购买了一些品控不过关的国产手机后，在使用过程中遇到了各种各样的问题，一次次的返修使得品牌商花费了高额成本，同时在用户心中建立起的好感也消失殆尽。而很少投放广告的苹果手机却凭借着其过硬的品质在全球市场所向披靡，获取了智能手机市场极高比例的利润。

对于产品品质与营销策略的关系，业内人士曾给出了一个十分形象的比喻——品质是“1”，营销是“0”，如果没有1的存在，即便是在后面添上再多的0也毫无意义。

② 充分体现粉丝的主导地位

充分体现粉丝的主导地位，鼓励粉丝参与到产品的设计、制作、营销等各个环节中来。

案例1

七格格是淘宝上的一个爆款服装品牌，其店铺内的各类服装款式新颖、活泼、青春，吸引了海量年轻女性消费群体。那么，七格格是如何在众多服装品牌中脱颖而出，成为爆款的呢？最核心的力量就是充分利用粉丝的参与，打造良好的口碑。

以上新品为例，每次新品上架前，设计人员都会先将产品的预想设计方案上传到店铺中，让粉丝们对这些图片进行评价。粉丝们可通过QQ群提出自己的建议及意见，最后客服人员会挑选出那些符合消费者需求的款式，交给设计人员进行修改。如此循环几次后，产品才会进入生产环节。

通过用户参与、主导销售的方式，仅用半年时间该品牌就成为长期占据淘宝女装销量排行榜前五的时尚女装品牌。

在七格格诞生的过程中有个很重要的细节，那就是粉丝参与。设计风格、款式将由消费者直接决定。

互联网时代，粉丝的口碑非常重要，因此，做爆品推广需要提升粉丝的参与度。这就需要企业转变思路，坚持“以用户为中心”，突出用户的主导地位，让用户需求成为驱动产品及服务的动力。将关注重点从产品转移到鼓励参与中来，将工作重心从促进交易转变为对用户关系的运营及管理上。

4.1.2 打造社群，强化粉丝黏性

在认识到粉丝口碑对爆品的促进作用后，重点就是如何落地实践，即通过什么途径才能打造良好的口碑。打造粉丝良好口碑的方式主要就是打造社群，进行社群营销。

（1）社群在爆品营销中的作用

社群是各大粉丝的聚集地，也是爆品获得粉丝支持、粉丝口碑的重要途径。因此，做好粉丝口碑的前提是打造社群。

很多爆品一开始都是依赖社群成长起来的，通过建立自己的社群，吸引第一批种子粉丝，然后靠粉丝的口碑慢慢扩大影响。

案例2 

小米手机在正式发布前，会先在论坛、微博上做预热，目的是吸引第一批种子用户，并将其变为铁杆粉丝。这些铁杆粉丝一方面承担着产品改进的工程师角色，一方面承担着口碑传播的传播者角色。

其实，站在小米的角度，两个角色都是相通的，产品改进的工程师角色可以让粉丝有充分的参与感，大大增强其黏性。如针对铁杆粉丝进行小规模内测，并根据铁杆粉丝的意见和需求设计相关产品，这一步可以让产品最大限度地获得他们的认可和支持。

正是有了这一步的铺垫，才有之后的口碑传播，第一批种子用户数量虽然不多，但却如同星星之火，开启了小米口碑传播的燎原之势。在预售阶段，这部分铁杆用户便成了营销的强大后盾，人人变为“推

广员”，开启了真正的粉丝口碑营销。

该模式不仅将成千上万的米粉联结到了一起，还形成了自己的商业模式，一个人可以随时知道其他人在说什么，在做什么。整个米粉群体变成一个互相链接、规模很大的社群，而这些都成为小米公司的重要资源。

小米以社群为基础的营销模式取得了巨大成功，并被广为传播。那什么是社群呢？简单地理解，就是有共同目标和兴趣爱好的人，聚集在一起而形成的群体。

可见，社群在爆品用户运营中起着非常重要的作用。这种作用主要体现在4个方面，分别为：拉新、活跃、留存、转化。具体内容如图4-1所示。

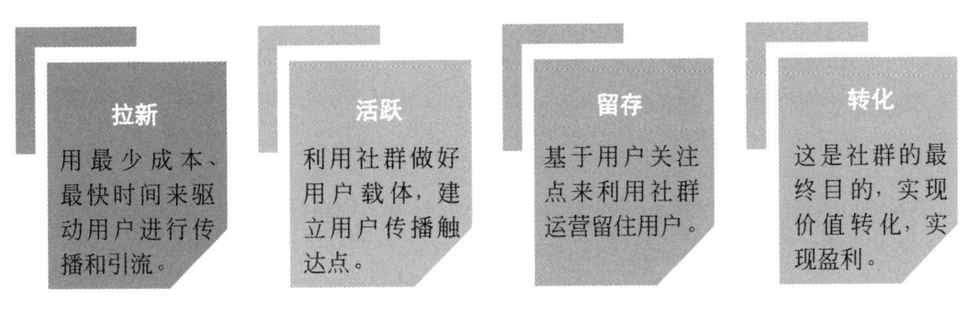

图4-1　社群在爆品运营中的作用

（2）构建社群的两个条件

社群的构建需要满足两个基本条件，一是有效利用社交工具，二是辅以科学的管理和运营。做好这两点一个社群就诞生了，具体内容如图4-2所示。

图4-2　构建社群的两个基本条件

社区是依赖于社交平台而存在的，如通过人人网、微博、微信，或者其他社交平台都可建立社群。社群的范围很广，我们不能局限地理解为只是微信群、QQ群，或者论坛等，还包括线下社群。

在社群建立之后，投入大量人力、物力和财力进行管理和运营是非常有必要的。现在很多社群都是无效的，群成员看似很多，但大多都是滥竽充数，无法对产品形成正面影响，不会带动产品的宣传和推广，更无法产生直接的利益。因此，对于运营者而言，千万不要沉迷于这样的社群，这样的群，即使有很多，也是没用的。做社群就像是企业的一个部门、一个团队，只有在科学管理和运营的基础上才能正常运转，发挥自身的作用。

想要尽可能地延长社群生命，必须重视管理。

① 将群打造成一个学习型，或交友型社群

一个人入群的动机有很多，如方便工作（工作群）、联络感情（同学群）、生活群（吃饭、聚会、旅游等临时建的群）、宣传和售卖产品（电商群）等。但事实证明，最能够长期保持活跃度的只有两类群，要么是有共同成长的学习群，要么是有共同兴趣的交友群。具体内容如表4-1所示。

表4-1 社群的两大类型

交友群	交友的需求：找到同行、同爱好、同城的人
学习群	学习和寻求帮助的需求：寻找比自己更专业、更有经验的人；交友交换资源，共同成长进步

所以，我们在建群时就要精准定位这两种，要么有利于增进群成员的情感，要么可以学习某种知识、技能，解决自己困惑的问题。

② 将受众群体的生活、工作方式融入其中

社群=群体+社交，“群体”比较容易理解，就是指目标受众。那么，什么是社交？社交性是社群最大的特点，所谓社交，简单理解可以是一种生活方式、工作方式、日常常态等。一个社群只有融入了生活、工作方式才能称之为社群。比如“读书会”这样的社群，每天分享一些书籍、观点，并组织群员之间进行探讨，对于群成员来说，读书就是一种生活方式；再比如，有些宝妈类社群，每天就是妈妈的一些护理宝宝知识，其实，这些也是宝妈的生活方式。

所以，社群一定要把受众人群的生活方式融入其中，否则就变成了纯粹的群，没有任何商业价值。

③ 平衡好付出与收获的关系

在建群初期，就要深入思考一个问题：对于群员而言，加入一个群会得到怎样的回报？因为人类是趋利的，他要计算自己的付出（比如时间成本）与回报是否平衡。

有的群大家会觉得收获很少，既不能收获人脉，也不能学到干货，干脆退出。有的群大家会觉得收获一半一半，能学到一些东西，但是也要忍受很多无意义信息的骚扰，分散工作注意力。

有的群大家会觉得收获很大，这种收获有的是一次性点破思维的局限，有的是认识了一个好朋友，有的是通过持续分享获得了成长，特别是收获成长的人会觉得自己找到了归属感。

显然能够长期做到让大家感到收获很大并不容易，要耗费大量的人力、财力、脑力，所以才有了社群大多短命的结果。这也给了我们启发：设计一个核心的产品，要最大限度地保证源源不断地付出。

如一个卖十字绣的商家，可以建社群分享绣花经验，分享的同时再推销自己的淘宝小店。这种基于经验分享的社群有更大的机会生存下去，因为做好群员的服务，就可以源源不断地获得老用户的满意度和追加购买。特别要指出的是，在线教育培训会组织大量的学员群进行答疑，分享干货，本质上也是销售产品和提供客户服务。

④ 无价值的群干脆解散

首先，因为任何事物都是有生命周期的，再好的社群，即便是由专职团队管理，在经历了高速发展、活跃互动的蜜月期后也会陷入沉寂。有研究发现，大多数社群走完整个生命周期模型只有2年时间，短则1年，甚至几个月。

因此，我们是出于商业目的而去主动管理一个社群。产品是有周期的，从商业上来讲，该挖掘的商业价值基本挖掘得差不多了，那么，围绕该产品建立的群，单个群成员的新鲜红利也会一点点消失殆尽，即便是死忠粉，面对不断升级换代的产品也会产生动摇。因为一款产品在自己的生命周期内会完成商业价值的转换。

其次，因为随着时间的推移，群成员基本稳定，不流失也不新增是最好的状态，其实很多是只出不进。这样一来，需求基本处于静止状态，没有新需求这个群就如一潭死水。面对这样的群，维护成本会超过回报。最好的方法是解散或置换，可以将一部分忠诚粉丝转移到新群中，但绝大部分是淘汰的对象。

构建社群的目的是展开社群营销，社群营销可以充分调动粉丝资源，一方面可以充分了解消费者的购买动机、购买心理，便于更好地决策；另一方面可以刺激消费者帮助企业做口碑传播。

4.1.3 植入分享基因，鼓励用户积极分享

凡是爆品都有一个共同的特点，用户分享意愿非常高。在粉丝经济时代里，有着较高的分享意愿的产品必定能快速传播。

那么，这些爆品为什么有如此高的分享率呢？大多数普通产品又为什么很难做到呢？这是因为爆品有自己的分享基因，也就是说，这类产品一开始就被植入了具有较高传播率的因子，这些因子是促使粉丝分享的根本所在。

这些因子主要表现在两个方面，如图4-3所示。

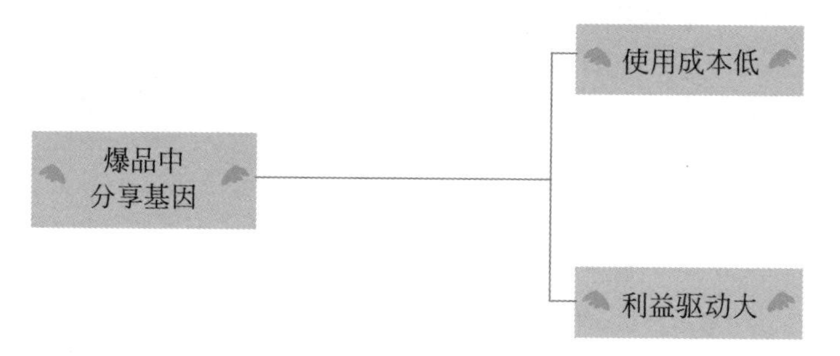

图4-3　爆品中的两个分享基因

（1）使用成本低

要想引爆粉丝分享，必须从他们的角度出发，将产品的使用成本尽量降低。换句话说，就是使他们在使用产品或享受服务时，不会花费太多的金钱、时间和精力。金钱成本如冰箱、空调的耗电量，汽车的耗油量等。时间和精力成本，如有的APP操作流程过于烦琐，无法尽快上手。再如麻省大学教授拉梅什·西塔拉曼研究发现：如果视频的加载时间超过2秒，用户就会放弃观看，这也是时间和精力成本太高的原因。

所谓使用成本，就是指消费者在使用某种产品的过程中不需要增加额外的时间和费用成本。如不用仔细阅读产品说明书，一目了然，一

步到位，傻瓜式操作。

爆品的使用成本一定要低，如果不能在最短的时间内让用户搞清楚如何用，就可能会被抛弃。如360随身Wi-Fi，以超简单的操作赢得诸多粉丝青睐。现在市面上的大多数路由器操作非常复杂，需要各种设置才能链接成功，对电脑一点不懂的人甚至无法完成。而这款360随身Wi-Fi操作流程被大大简化，只需插进电脑USB接口即可，同时还具有造型小巧、携带轻便的优势。

人们为什么越来越“懒”，竟在使用成本上如此吝啬？其实，这与当前的社交环境息息相关。现代消费者购买产品，目的并不在于产品本身，而在于使用产品能够给自己带来满足感。因此，消费者在做出购买决策时，不仅要考虑购买一次性支出，还要考虑使用过程中的时间和费用成本。

（2）利益驱动大

怎样才能使用户主动分享呢？利益驱动是最有效的一种方式，一般来说，无论是使用应用、享受服务还是参与活动，人们都期望自己能够从中获得某种收益。这种激励包括物质激励，也包括精神激励。

物质激励是指利益交换，如免费、优惠、特权、等级身份等。在利益交换等物质激励上，很多电商平台运用较多的如折扣、返利、赠送等。

精神激励集中表现在用户的情感反馈上，主要发生在企业（产品）与用户之间，用户与用户之间。

案例3

2014年，罗××在中秋节之前在微信上卖起了月饼，他是这样做用户激励分享的：用户在微店下单后，可将付款邀请分享到朋友圈或指定好友，等待他人为自己付费。或许有人会对这种做法有所质疑，但数据证明这也是一种分享驱动，短短十几天内就有200多万人的参与，总销量超过了100万。

案例4

拼脸软件“脸萌”，目的是让用户为自己制作个性头像。但该软件不但可为自己制作头像，还可为亲人、朋友制作。为亲人、朋友制作其实就是这款产品给用户植入的“利益”，也成了其分享的源动力。

因此，能否真正地引发粉丝的主动分享，关键就在于该产品有没有利益驱动。

基于此，企业在开发和制作一款产品时，必须重视分享基因的植入，一个是成本基因，另一个是收益基因。成本指的是使用成本，收益指的是用户体验、用户感受，这是最根本的两个分享基因。这两个方面是产品能否赢得消费者喜爱的关键，只要能为用户提供一定的利益、物质激励、愉悦感、成就感以及满足感等，都可诱使他们进行分享。

4.1.4 内容+活动，展开粉丝营销

所谓粉丝营销，是指企业利用优秀的产品或企业知名度拉拢庞大的消费者群体作为粉丝，利用粉丝相互传导的方式，以达到营销的目的。这就要求企业在做粉丝营销时一方面要注重内容，以内容来吸引粉丝；另一方面还要组织各种促销活动，让粉丝参与。

（1）注重内容

内容的核心就是解决做什么的问题，也是开展任何营销活动首先必须面对的问题。在移动互联网营销中，用户需求内容显得更加碎片化，但信息量丝毫不能少，价值不能降低。那么如何保证移动营销内容有足够的含金量呢？

① 善于结合热点

结合热点对提升内容的质量能够起到事半功倍的作用，在内容中植入热点事件或相关关键词，保证内容的时效性，能够对用户产生足够的吸引力。

案例5

某品牌电动车利用微信公众号展开营销，在内容推送上便结合娱乐热点，文章中出现了“驯龙高手2”“小时代”等热映的电影标题，还有类似“涨姿势”等网络流行语言，这些都兼具娱乐和热点，令年轻消费群体倍感亲切，大大提升了文章的打开率，信息的曝光率。

结合热点事件，不仅能激发用户的好奇心和阅读欲望，更主要的是迎合了一部分用户的阅读习惯。

② 切中用户需求

互联网时代，生活节奏加快，时间更加宝贵，人们希望利用碎片化的时间来获取有价值的信息。在这样的背景下，做营销内容在输出上一定要针对用户的具体情况，投其所好，将内容做得更加精炼，更有价值。

案例6

美丽说在自己微博、微信、QQ空间中经常给用户提供各种服饰搭配的技巧，切中了很多女性用户的痛点。练就一手绝好的服饰搭配功力，几乎是所有女性都渴望获得的，家里衣柜的衣服很多，每件拿出来也都特别时尚漂亮，但穿在身上就没那么完美了，关键就是不会搭配。美丽说针对这些需求适时推送一些相关文章，将要推广的产品融入其中，两全其美，同时将用户需求与产品宣传推广结合在了一起。用户一边看解决方案，一边买衣服，顺理成章。

③ 去功利化

在信息过量的时代，如果过于赤裸裸地推广产品和促销信息，最后很可能事与愿违。很多企业在拥有大量粉丝之后就想直接实现转化，过于急功近利。你向粉丝传递的不仅仅是产品的功能和首发的新品，还要让他们了解企业文化、企业信息、品牌文化、企业的价值观等。总之，不能急功近利，不能什么都想展示，美国数字化专家尼葛洛庞帝曾经说过：“信息过量等于没有信息。”淡化产品信息之后，一定要换位思考，站在粉丝的角度考虑他们需要什么样的内容，在潜移默化之间传递产品或品牌的信息。

（2）通过活动提升体验

社交红利=粉丝数量×互动次数×参与度。对品牌而言，要想从社交红利中获得商业利益，就不仅要考虑粉丝的数量，还要考虑粉丝与品牌之间的互动次数。而分析互动次数的最好方法就是举办活动，活动的形式有很多种，如交流性的、促销性的，线上的、线下的。

案例7

2016年，长安马自达发布了一个主题为“Live it不辜负”的系列粉丝交流会。在全新的沟通主题下，先后举办了一系列以粉丝、用户为参与主体的活动，如“live it 不辜负 粉丝盛典”“live it不辜负 粉丝沙龙”，颁布了“粉丝会员制度”。其中，“粉丝沙龙”是国内车企举办的首个用户峰会，全方位展示了长安马自达深耕粉丝群体、倾听粉丝心声的经营思维。

长安马自达的一系列活动在粉丝与企业之间搭建了一个沟通平台，从情感层面强化了用户、粉丝与品牌的关系。为什么活动可以大大提升体验，最主要的就是可以让双方产生互动。互动是提升体验的秘诀，很多企业在吸引粉丝之后，只有内容推送没有互动，即使有也只是冷冰冰的机器语言，如自动回复等，结果往往适得其反。所谓互动，就是将粉丝当作一个有思考能力的真正的人来看待，充满人文关怀，提升其参与感。

对粉丝而言，参与其中可以直接提升体验水平，继而直接提升其对品牌的忠诚度。对于参与感，小米科技的创始人雷军最有发言权，他曾经说过：“从某种程度上讲，小米卖的不是手机，而是参与感。”实际上，参与感是提升粉丝对品牌的黏性和忠诚度的重要手段。为什么参与感如此重要，原因就在于在移动互联网时代，消费者的购买行为与传统的购买行为有很大不同，只有了解才能互动，只有互动才能分享，而分享才能带来新的销售力。

值得注意的是，参与的过程仅仅停留在线上是不够的，还必须走到线下，让粉丝多在现场参与，这是一种更加有效的互动方式，更有助于实现品牌忠诚。

4.2 利用媒体工具，构建立体式渠道

4.2.1 传统媒体：扩大品牌媒介阵地

爆品需要传播，传播需要工具的辅助，在互联网、移动互联网高度发达的时代，各种工具层出不穷。且都可承担起品牌传播的功能，但实际作用却有很大差异。一份尼尔森数据报告显示，消费者最信任的是朋友、家人的推荐，信任度高达92%；线上评价居次，高达70%；电视、电影，或其他线上广告占47%；搜索引擎的搜索占40%，最后是在线视频、社交网络平台。

传统媒体包括电视、电影、广播等，随着互联网、移动互联网的发展与兴起，传统媒体受到了极大冲击。“电视已死”，这句话是广告界一些人对于互联网冲击下的传统电视媒体衰落的极端说辞。的确，在新时代，产品的传播方式、广告的形态虽然被大幅度改变，甚至被完全颠覆，但不能完全否认传统媒介的作用。像电视、电影、广播等这些主流传统媒体，所发挥的作用仍不可忽视，且与互联网大有融合之势。以电视媒体为例。

（1）电视受众基础大，与互联网融合加快

首先是因为电视覆盖群体广，2017年的一份最新调查数据显示，我国电视的受众人数高达13.1亿，远高于网民的7.51亿人；电视接触率98.6%，远高于智能手机、平板电脑的56%，电脑的44%。同时，这些传统媒体也正在进行着革新，积极与互联网融合，2016年全年超过5000个电视节目在网络上播出，占到全网节目的64%。

其次更可贵的是，很多电视节目已经开始用新媒体的运营思维来做，发力新媒体终端、PC端、移动端同步播出。这些举措让电视广告焕发了新颜，一改以往那种强行灌输，单方面宣传的做法，笼络了一大批新生代观众。

最具代表性的就是浙江卫视的音乐类节目、湖南卫视的芒果TV，

它们放弃了传统电视节目的做法，积极与互联网+融合，成功打造了一个个精品节目。

案例8

芒果TV综艺频道用户规模占行业的1/4份额，除《快乐大本营》《天天向上》继续引领市场之外，《全员加速中》《一年级·大学季》等新兴节目同样受到热捧，牢牢占据热门综艺排行榜榜首。

同时使得品牌广告收获超乎预期的营销效果。以2015年为例，一份监测数据显示，最受关注的现象级综艺节目《全员加速中》独家网络冠名纯甄酸牛奶贴片广告溢出率达121%；《一年级·大学季》独家网络冠名商部落冲突贴片广告溢出率165%，暂停广告溢出率204%，角标广告溢出率高达369%；《快乐大本营》独家网络冠名商伊利每益添冠名标版口播广告溢出率828%，贴片广告溢出率665%，角标广告溢出率达到4607%；《天天向上》独家网络冠名商毓婷角标广告溢出率560%。

芒果TV已经成为诸多品牌广告主内容营销的首选平台。凭借综艺内容及用户覆盖优势，芒果TV将继续在平台布局、产品体验、营销创新等维度上全屏加速助力广告主营销发力，以全新姿态突围市场。

（2）智能电视的出现

之所以说电视媒体的地位不可动摇，还有一个重要的原因，那就是智能电视的出现和迅速发展。由于较之传统电视，智能电视有很多无法比拟的优势，因此，广告界更看重未来的电视媒体，认为未来智能电视将引领电视媒体，让电视媒体彻底革新。

智能电视的优势，及各项优势在观众中的好评率（2016年调查数据）如图4-4所示。

2016年，众多互联网电视企业都开启了广告实现商业化变现的元年，但是，广告主对大屏广告的认同度还有待提高，2017年，大屏幕的营销价值被进一步地挖掘。

图4-4　相比传统电视，智能电视的优势

随着互联网和智能硬件产业的高速发展，用户更加关注内容或信息所带来的感官化体验，而作为家庭最大一块屏幕的互联网电视就成为品牌感官化营销的最佳着力点，震撼的视觉体验、交互的界面、共享的客厅场景，无不成为互联网电视吸引用户的关键因素。如果说PC互联网是海量的注意力经济，移动互联网是流动的碎片化经济，那么互联网电视则是共享的感官化经济。品牌营销从抓住消费者的眼球开始，如何借助互联网电视来抓住新生代的消费者，就成为品牌营销新的战略要地。

随着互联网+观念的深入，电影、广播也正在做着与电视一样的事情。鉴于此，电视、电影、广播这些传统媒体也成了很多大企业、大品牌争夺的资源。常年活跃在电视、电影中的产品已经成为行业内的领导品牌，真正走进了消费者的心里。

4.2.2 户外媒体：行走在城市的另类风景线

户外广告，顾名思义是指由户外媒体传播，设置在户外的广告体。如墙体广告、公共交通广告、路牌广告、城市建筑广告等。由于具有覆盖率广、持久、全天候发布、视觉冲击力强等优势，户外广告到达率是非常广的，在传统媒介中仅次于电视媒体。

（1）户外广告，一种新潮流

户外广告是一种传统的广告形式，早在20世纪90年代末已经产生，发展历程的具体内容如图4-5所示。但近两年则大规模地出现，尤其是富有创意的户外广告越来越多。目前，各种企业，无论大小，都热切希望迅速提升自己的企业形象，传播商业信息；各级政府也希望通过户外广告树立城市形象，美化城市，成为城市的一道风景线。这些都为户外广告提供了巨大的市场机会。

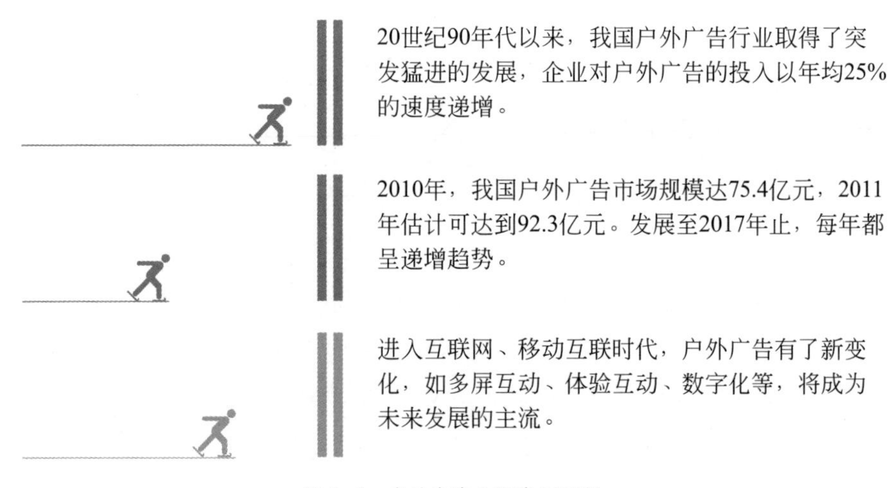

20世纪90年代以来，我国户外广告行业取得了突发猛进的发展，企业对户外广告的投入以年均25%的速度递增。
2010年，我国户外广告市场规模达75.4亿元，2011年估计可达到92.3亿元。发展至2017年止，每年都呈递增趋势。
进入互联网、移动互联时代，户外广告有了新变化，如多屏互动、体验互动、数字化等，将成为未来发展的主流。

图4-5　户外广告主要发展历程

商业发展和城市发展的双重需求促使户外广告呈现出一片欣欣向荣之景，再加上技术的革新、富有创意的制作。良好的户外广告对受众的视觉冲击力还是十分强烈的，可激化各视觉元素间的交互作用，使城市景观与大众的视觉语境、视觉秩序充分融合，呈现出健康的、有激情的、友好的空间体验氛围，从而让大众对产品、品牌文化有深度的体验和良好的互动。

因此，在爆品的传播过程中，户外媒介不可忽视。这不仅是产品传播本身的需求，也是迎合潮流的一种做法。

（2）做好户外广告的3个关键

爆品对户外广告是有特殊要求的：一要富有顶尖的广告创意；二要可以传递有价值的信息；三要选择绝佳的地理位置，这是打造经典户外广告的制胜关键。

① 顶尖的广告创意

创意是最珍贵的，适用于做任何事情。富有创意的户外广告便于形成超强的视觉冲击力，让受众被震惊、震撼，继而心有所动、心有所感。现如今户外广告多如牛毛，但大都缺乏创意，很难给受众留下深刻印象。

爆品户外广告一定要富有创意，能够在最短的时间内吸引关注，并在受众头脑中留下清晰的印象和定位。

案例9

例如阿迪达斯2006年世界杯专用足球的户外广告，如图4-6所示。

图4-6　阿迪达斯2006年世界杯专用足球的户外广告

这个广告只有一个LOGO（商标），没文案没联系方式，恐怕一大半人都看不懂这个广告。但这并不重要，因为这则广告的定位并非想直接转化为销量。而是让粉丝兴奋起来，充分融入世界杯欢乐的气氛中去。当年这个户外广告还得了奖，负责这个项目的高管也升职了。

案例10

美国纽约时代广场上曾有个互动广告牌，是多芬的户外广告，如图4-7所示：下雨天来洗个澡。这个广告十分有创意，屏幕中的一名女子，会跟随天气变化做出不同的动作、表情，同时内心独白以文字的形式显现出来，如同在与路人交流、互动。

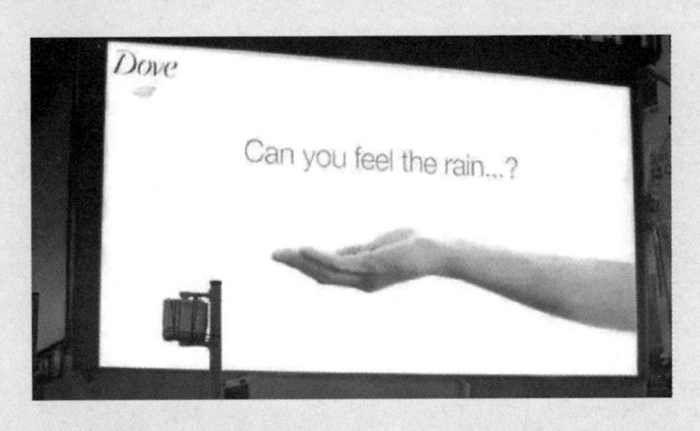

图4-7　美国纽约时代广场上多芬的户外广告

当天气多云时，画面中的女子会看看时间，想着“该洗澡了！”

当雨开始下时，画面中的女子会做出接雨的动作，并且说“你能感受到下雨了吗？”

当雨下大时，女子就开始“洗澡”啦！洗完之后还会表示，皮肤很光滑透嫩。

② 传递有价值的信息

现在户外广告逐渐采用电脑设计打印（或电脑直接印刷）的方式，其画面醒目逼真，立体感强，材料也十分讲究，充分再现了商品的魅力，对树立商品（品牌）的都市形象最具功效。但这都是硬件条件，要想达到预期效果，还必须具备一些软件条件，如广告的画面是否清晰，文案是否简练，能否满足受众的认知度、记忆度、喜好度，使人一看就懂，能快速捕捉到有效信息。

影响户外广告的因素，具体内容如图4-8所示。

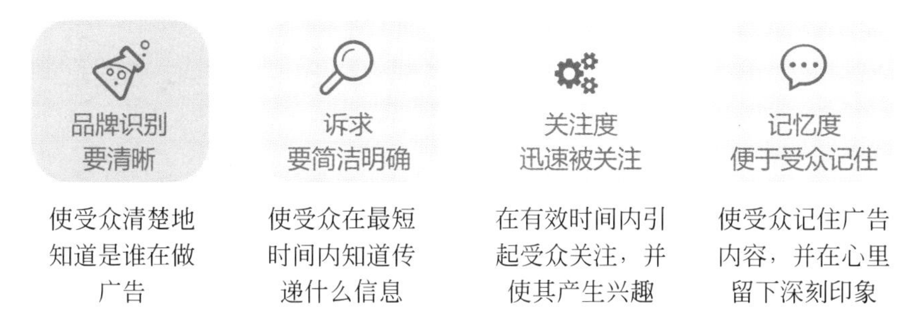
品牌识别
要清晰
诉求
要简洁明确
关注度
迅速被关注
记忆度
便于受众记住
使受众清楚地知道是谁在做广告
使受众在最短时间内知道传递什么信息
在有效时间内引起受众关注，并使其产生兴趣
使受众记住广告内容，并在心里留下深刻印象

图4-8　影响户外广告的因素

③ 绝佳的地理位置

人流量、到达率等基础数据是考量户外广告效果的通用标准，因此，户外广告十分重视对地理位置的选择。这是影响户外广告的人流量、到达率的另一个影响因素。地理位置好就意味着控制了流量，能吸引更多的人流，被更多人看到。

如路牌广告，从诞生至今，坚守的一个铁律就是设立在闹市区、地段好、人流量大的地方。因此，路牌广告选择的媒介也是特定的，一般为马路边、地铁里、标志性的城市建筑上等，对象是在动态中的行人。

案例11

很多知名户外广告牌，因为它的持久和突出，成为这个地区远近闻名的标志，人们或许对街道楼宇都视而不见，而唯独这些林立的巨型广告牌却令人久久难以忘怀。

如上海花旗集团大厦的巨型LED显示屏，该大厦位于浦东陆家嘴金融贸易区X1-7地块，紧邻黄浦江，与百年外滩、老城隍庙、延安路高架隔江相望，地理位置十分优越。高139.6米，宽43.2米，总面积为6030.72平方米，是目前世界上最大的楼宇LED彩显幕墙系统工程。且建筑智能化水平较高，实现了半导体照明、显示应用与建筑幕墙等技术的完美结合。超大面积、超强视觉冲击、变幻丰富多样让其备受关注。

一块设立在黄金地段的巨型广告牌，是任何想建立持久品牌形象的公司的必争之物，其直接、简捷，足以迷倒各大广告商。

我国户外广告的投放主要集中在一二线城市，如北京、上海、广州、杭州、深圳、武汉等地，其投放量占到总投放量的一半以上。具体地点主要集中在机场、地铁、商业大厦、公交等地，占到总投放量的80%以上。综上所述，可以总结出户外广告位置的原则，这些原则也是广告主选择户外广告位的重要标准，具体如表4-2所示。

表4-2　户外广告选位的3个原则

人流最大原则	选择人流量最大的地方，这是户外广告选位的第一原则
视觉效果最佳原则	包括广告牌本身的大小、形状;广告牌位的高低、远近;被选位置的光线明暗等
与整体环境的和谐统一原则	包括商业氛围，重点建筑，街道整体构架，人为、自然景观特征

4.2.3　网络搜索：利用好搜索引擎工具

随着互联网运用的普及，搜索引擎成了人们获取外部信息的重要工具。事实上，对企业来讲，搜索引擎也是一种非常好的营销方式，搜索引擎营销（search engine marketing ），简称SEM，具体是指通过产品特征，分析人们使用某搜索引擎工具的习惯和数据等，在搜索引擎工具上植入若干关键词，来达到产品信息传播和扩散目的的一种活动。

案例12

美国联合航空公司（United Airlines）曾充分利用搜索引擎营销为乘客提供完善的购买机票服务。

经过对多名乘客的调研发现，65%的人在购买机票前会有至少3次搜索行为；29%的人高达5次。其中最关注的3个关键词是：价格、服务及航空公司的信息。针对此美国联合航空公司分别设置了相关关键词，便于自己传播出去的信息与乘客需求相对应。而这也极大地带动了机票的销量。在广告预算没有增长的情况下，销售额超过以往的两倍。

可见，搜索引擎工具，对产品的营销与推广非常有效，能使信息更精准地到达目标用户那儿。爆品作为一种对互联网依赖性非常强的产品，必然需要搜索引擎工具的辅助，以便缩短产品信息与目标消费者需求的传播路径，实现快速、高效地传播。

（1）搜索引擎营销的基本流程

利用搜索引擎工具进行营销与推广，由于有大量用户数据的支撑，便于筛选出目标用户使用频率最高的关键词，因此精准度十分高，常被称为“精准营销”。

为了进一步理解，我们先看一下搜索引擎营销的基本流程，如图4-9所示。

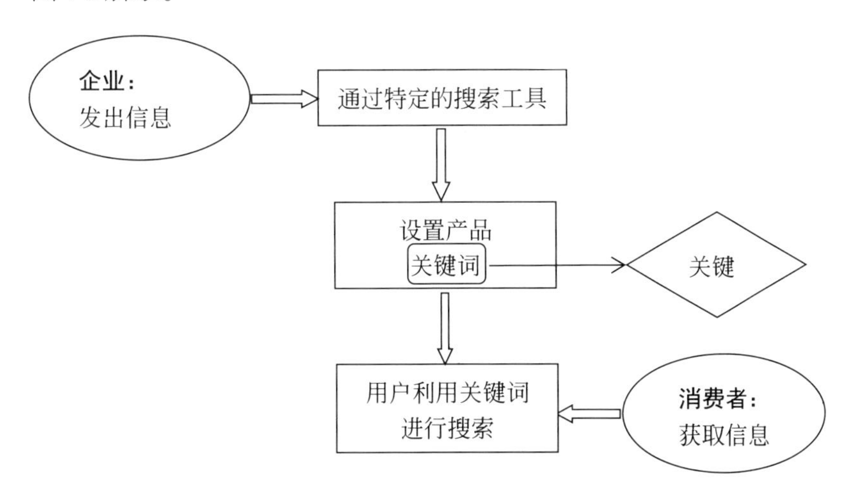

图4–9　SEM中信息传递的基本流程

从以上流程图中不难看出，这种营销方式中“搜索”是关键环节，主要是通过设置关键词，让用户主动发现信息、获取信息、使用信息。搜索关键词设置的精准与否直接决定着信息的传播效率，能否带来高额流量和销售提升。

（2）关键词的分类和选择原则

按照关键词的重要程度来分，可分为核心关键词，次要关键词和长尾关键词，如图4-10所示。

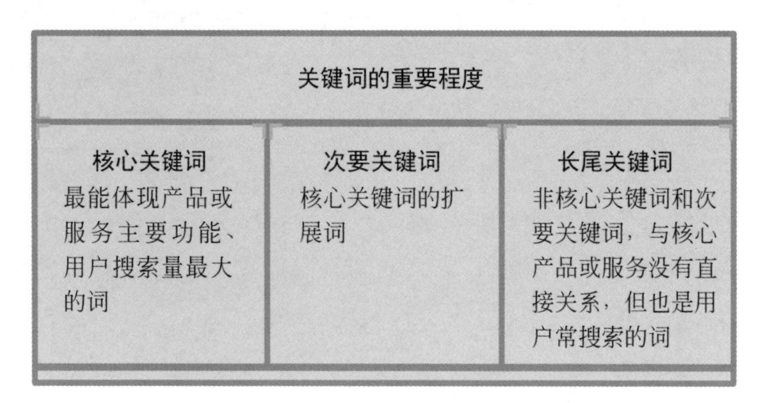

图4-10　关键词的3类关键词

① 核心关键词的选择原则

核心关键词的选择非常重要，是关键词设置中必不可少的，那么，企业该如何确定产品的核心关键词呢？

a. 看同类产品的关键词。看同类产品的关键词怎么看？最简单的方法就是亲自在各大搜索工具上搜一搜，根据关键词出现的位置判断。核心关键词在搜索时会最先出现，出现在搜索页面标题、名词短语中居多，字数在2 ~ 7个。

如用户通过百度搜索智能家居，当输入关键词“智能家居”时就会出现如图4-11所示的信息。标题中出现的“无线智能家居”“智能家居系统”“物联网智能家居”等就是该网站的核心关键词。

智能家居.无线智能家居.智能家居系统.物联网智能家居.智能家居...

南京物联是最新智能家居控制系统和无线智能家居系统方案提供商,根据人们生活发展需要,不断研发出新的智能家居系统产品满足社会需求.在无线智能家居、智能家居控制系统、...

www.wulian.cc/ - 百度快照 - 302条评价

图4-11　“智能家居”搜索核心关键词

b. 看用户搜索量。核心关键词一般都有较稳定的搜索量，体现着用户需求，搜索量越大需求越多。一个核心关键词的关键是引流，如果没有用户搜索，或者很少，核心关键词就失去了“核心”的意义。所以，选择核心关键词必须坚持的第一原则就是看用户搜索量，那些量最大的才有可能成为核心关键词。

在确定用户搜索量上，我们可以借助搜索引擎上的数据分析平台，如百度指数、搜狗指数、微信指数、Alexa、CNZZ、Group+等。这些平台会有某个关键词在每天、每周、每月，以及自定义时间的搜索量。

以关键词“婴幼儿早教”为例，在百度指数输入该词后就会出现某短时期内百度用户的搜索趋势。如图4-12所示为2017-11-11至2017-12-10，全国范围内所有的搜索量，其中11月15日搜索量最大，为164次。

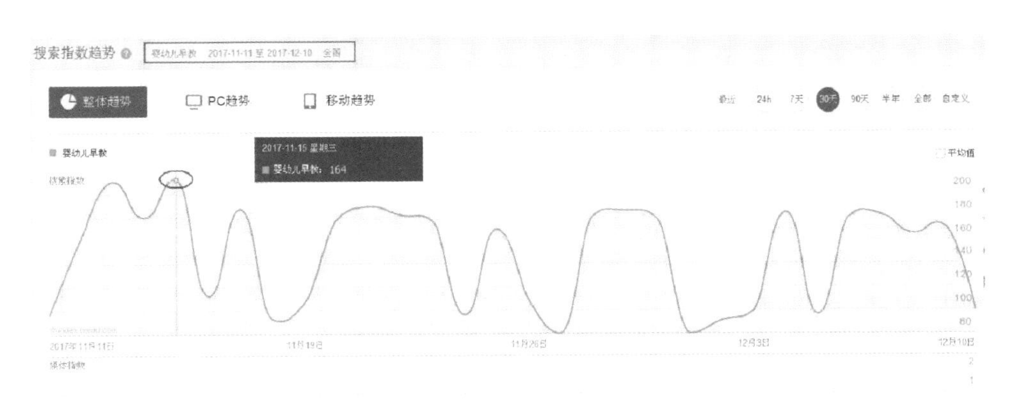

图4-12 关键词“婴幼儿早教”百度指数

至于该选择哪个数据分析平台，则要看具体的推广平台了，最好与推广的平台保持一致，也可综合使用。如欲在搜狗引擎上推广，那么就选择搜狗指数。

c.看自身产品或业务特性。核心关键词一定要与自身产品或业务相关，有的关键词尽管是用户平时搜索量比较大的，但如果无法体现自身产品的特色和优势，也不能盲目下决定。

如新媒体营销培训市场需求非常大，很多用户有这方面的需求，对于一家做新媒体营销培训的机构来说也最能体现自身特色。但如果查看搜索量的话，关键词“网络营销培训”，要比“新媒体营销培训”多很多，但我们不能死搬硬套地将“网络营销培训”作为核心关键词，因为新媒体才是该机构的特色所在。

d.看竞争对手的数量。利用数据分析工具，结合用户需求、产品特点可以筛选出多个关键词，但并不是每一个符合原则的关键词都能作为核心关键词。因为有些关键词还会受到竞争对手的影响，如某个词竞品都在用，我们也用的话往往需要花很长的时间才能见效，当然也不能选择完全没有竞争的词，竞争小说明搜索度低，因此，需要找一些竞争适中的关键词，见效比较快。

那么，怎样判断一个核心关键词是否存在竞争，以及竞争的程度呢？可通过查看与关键词相关页面的多少和竞争对手网站数量的多少来判断。

查看与关键词相关页面的多少的具体方法是：以在百度上搜索“海南特产”为例，找到相关结果数约显示5450000个，如图4-13所示。也就是说，有5450000个网页包含了该关键词，如果想在百度上优化这个关键词至首页至少需要超越5450000个网页。

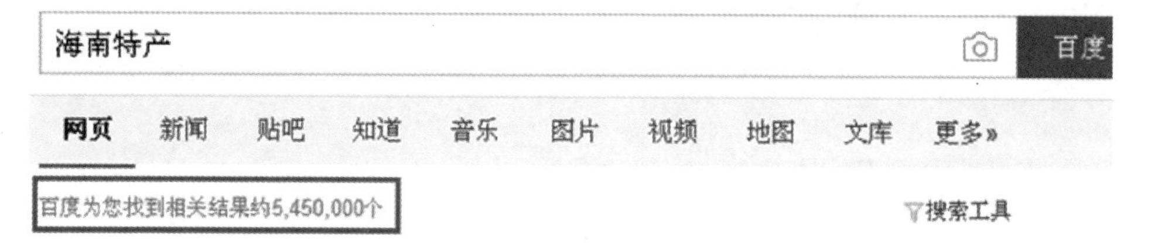

图4-13　关键词“海南特产”百度搜索量

500万个相关结果说明该词的竞争还是比较大的，通常来讲100万个以内是最理想的。超过500万就属于难度超大的。

查看竞争对手网站数量的多少，我们同样可通过一个例子来分析：在百度输入某个关键词，分析前五页的搜索结果，如果前五页的搜索结果都是网站首页，那通常属于竞争较激烈的词。如图4-14所示为在百度搜索中输入关键词“大数据分析”，发现排在前五的均为对应的网站，框中均为网站的标题，打开便是网站首页。

另外，也可以通过域名多少来判断，当某关键词搜索出来后，主域名数量在1 ~ 10个时说明竞争程度是非常小的，很容易优化；如果在10 ~ 30个说明竞争程度一般，花一定的精力、时间就可以优化到搜索引擎首页；如果有30 ~ 50个说明竞争就比较大了，建议不做。

② 次要关键词和长尾关键词的选择原则

a.次要关键词的选择原则。次要关键词的选择主要是根据核心关键词来定，算是核心关键词的扩展和衍生。如某理财网的核心关键词为“互联网金融”，那么，可设“网贷”“定期”“基金”“保险”等次要关键词。如图4-15所示。

大数据分析 百度

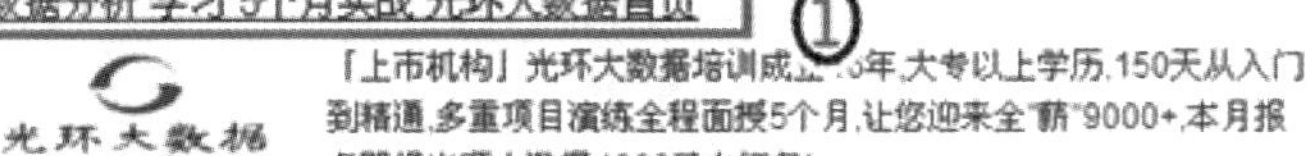

数据分析 学习 5个月实战 光环大数据首页
「上市机构」光环大数据培训成立16年,大专以上学历,150天从入门到精通,多重项目演练全程面授5个月,让您迎来全"薪"9000+,本月报名即得光环大数据1000元大红包!
光环大数据
16年老品牌
方法: 如何学习大数据
入门: 数据分析入门
hadoop.aura-el.com 2017-12 - 106条评价 - 广告
数据分析数据_个行业_我们的数据分析数据

数据分析数据,汤森路透 I/B/E/S 预测数据范围包括 12 个行业超过 200 个行业.我们的数据分析数据 移动应用程序直接向您提供各种桌面终端可以获取的功能和优质内容
www.thomsonreuters.cn 2017-12 - 广告

CDA
数据分析师
CERTIFIED DATA ANALYST
大数据分析,大数据时代高薪职业培训,CDA十年专业教育品牌,含金量更高,助你高薪起跳.大数据分析,CDA大数据脱产培训,资深企业分析师授课,8天高效进阶,详询或报名拨打电话.
入门: 数据分析入门
培训: 数据分析的培训
课程: 大数据分析课程
专业: 大数据专业培训
www.cda.cn 2017-12 - 673条评价 - 广告
数据分析就业前景怎么样?

数据分析就业火爆-魅力:1 行业压力竞争小 2 高薪没商量 3 男女都可学 4 岗位多参加北风数据分析培训,企业项目实践,高薪就业不是梦!
www.beifeng.com 2017-12 - 593条评价 - 广告

图4-14 关键词“大数据分析”百度搜索广告

首页 网贷 定期 基金 保险 海外 发现

图4-15 某理财网次要关键词

次要关键词主要分布在各个栏目的页面标题中，如果没有对应的栏目页则需要新增加栏目页。仍以上面的理财网为例，比如我们要进入“网贷”页面中，直接单击即可进入。如图4-16所示。

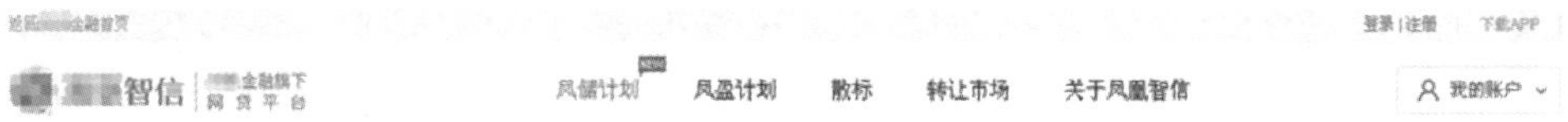

图4-16　次要关键词分布点

b. 长尾关键词的选择原则。长尾关键词是网站上的非核心关键词和次要关键词，但也是可以带来搜索流量的关键词，通常是核心关键词、次要关键词的再细分。

长尾关键词的特点是字数多、搜索量少且不稳定，但精准度往往很高。如3个人分别搜索关键词，“纯净水、商用纯净水、商用纯净水哪家好”。显然，搜索“商用纯净水哪家好”的人比搜索前两个的人更容易成为目标消费者：因为后者是在找具体的服务，而前者无法确定想要找什么信息。

长尾关键词多出现在内容页面中，可植入在标题中，也可植入在文章内容中。在正文出现时最好在开头、中间、结尾等处，且每词出现时要重点强调下，或加粗，或以不同的颜色标识，或以特殊的排版凸显出来。

4.2.4　APP：打造小而美的“企业网站”

企业网站曾是产品宣传、推广最主要的方式，但随着各类新媒体的崛起，尤其是移动端媒体的快速发展，消费者把注意力转向了APP上。APP不但能承担企业网站所有的功能，而且还具有数字化、智能化、使用便捷等优势。因此，企业网站在产品营销推广中所起的作用越来越小，取而代之的是各类APP。

APP又称微缩版的、移动端的“企业网站”，已经成了各大企业的标配。现在，大部分企业都拥有自己的APP。据统计，85%的世界500强企业都做了自己的APP，如沃尔玛、大众、奔驰、丰田、惠普、三星、飞利浦、戴尔、可口可乐、百事可乐、耐克等，并相继在主流平台应用商店推出。

（1）APP的作用

利用APP可做产品手册，提供在线购买、线上体验、做社交分享、做公关活动，甚至网络促销游戏。几乎可以把整个爆品营销流程重新在手机上演绎一遍，如图4-17所示。

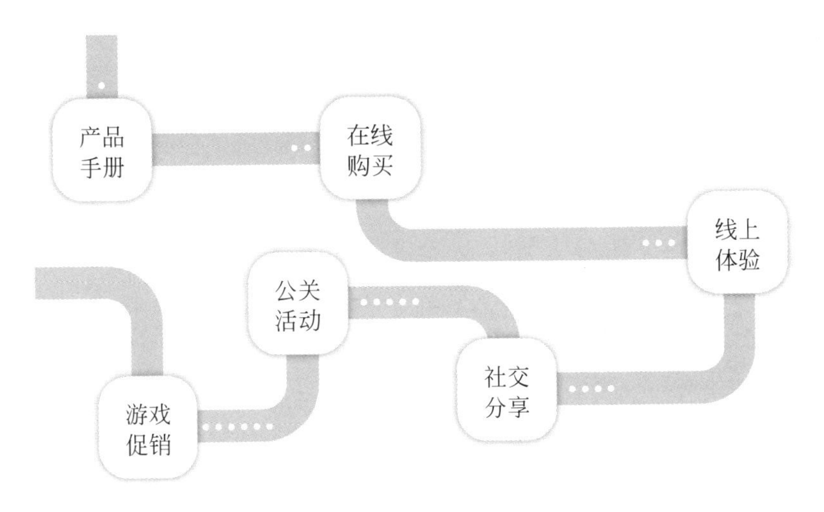

图4-17　APP在营销中的作用

案例13

城市接力游戏是Newbalance（新百伦）为庆祝纽约新旗舰店开业，发起的一场城市短跑接力活动，该活动利用APP“Urban Dash（城市接力）”，并结合LBS、AR技术，目的是让消费者找寻分布在纽约数百个虚拟点的接力棒。找到接力棒，并最先跑到旗舰店即可获得New Balance 574鞋子一双，当然该接力棒也可以被其他玩家抢走，不过城跑活动更符合运动品牌的精神。

（2）打造APP的4个重点

APP作为接入移动互联网的入口，给爆品扩散带来了无限盈利的机会。因此，对于企业而言，拥有一款适合自己的APP来辅助爆款推销非常重要。那么，如何打造一款好的APP，可从以下4点入手。

① 视觉呈现

我们看一个人，首先会根据他的外表来判断，外表好就会有个比较好的第一印象。APP也一样，对于APP而言“外表”就是产品的视觉呈现，也就是这个产品直观看起来怎么样。

案例14

以知乎、豆瓣为例，如图4-18、图4-19所示，这两个APP给用户的视觉感受非常好，对强化用户感知产品个性有很好的作用。

图4-18　知乎APP视觉呈现

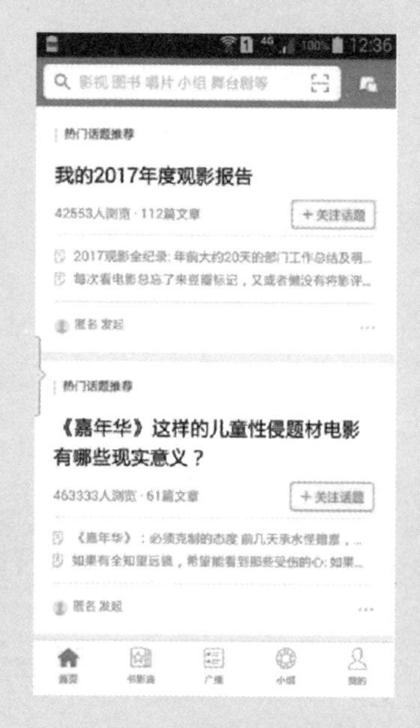

图4-19　豆瓣APP视觉呈现

知乎蓝白相间的页面很有科技感，紧凑型的文字排列虽然并不是最好的阅读状态，但非常符合知乎新闻性的内容特征，另外还能呈现一种干货、快节奏的感觉。

与知乎相反，豆瓣要营造的是一种清新的文艺范儿，因此页面主色调是绿色，排版也比较松散，必要时还有很多的间距留白，然而读者会有更小资惬意的感觉。

页面是整个APP视觉呈现最主要的一部分，包括页面主色调、文字版式、图文搭配、留白等，如图4-20所示。这些是影响APP好与坏的最大因素，决定着用户对产品的第一印象。用户打开APP，页面立刻会呈现在面前，好的页面就会刺激用户的视觉，促使其继续浏览下去，而不好的页面可能会使用户直接关闭。

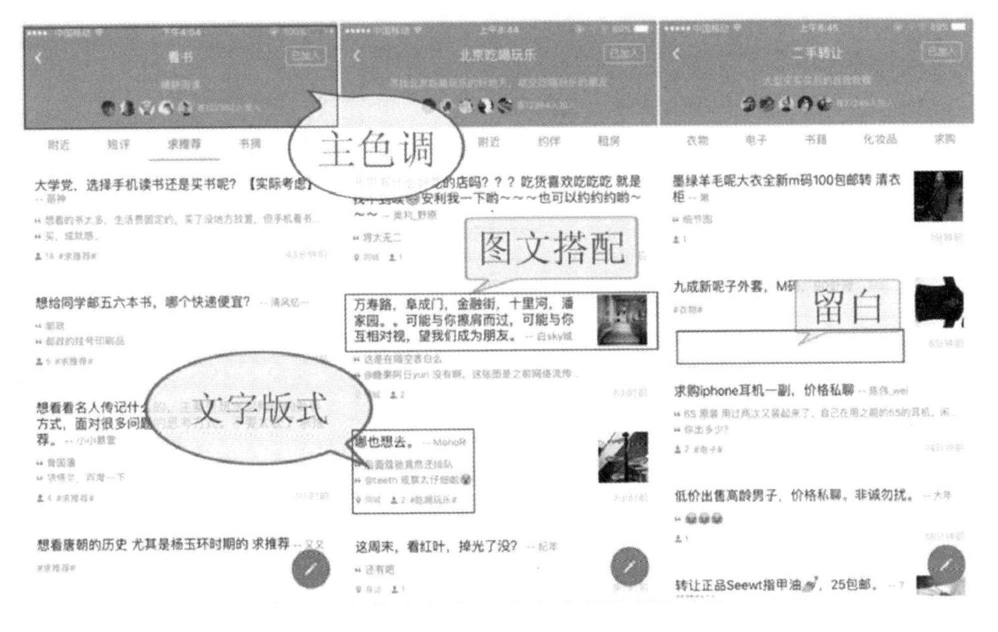

图4-20　APP视觉营销的4个主要部分

② 内涵气质

好的APP除了视觉呈现要好，还需要有好的内涵。内涵包括功能定位和内容风格，不仅是决定用户去留的最终元素，而且是打造高质量APP的重要前提。

值得注意的是，这一步通常需要在制作、设计阶段完成，甚至在设想、构思阶段就要有个大致的框架，即我想要做一个什么样的APP，核心功能是什么，针对什么样的人群等。

APP的功能定位和内容风格整体上可分为两大类，一类是单一性的，另一类是综合性的。

单一性定位是指一个独立APP只有一个功能，如肯德基自助点餐APP就只设置了"快速查找"功能，以便用户可以快速点餐，如图4-21所示。

综合性定位是指一个独立的APP同时包含多种功能。如购物类APP，用户通过在APP中可完成一系动作。如搜索、查看、比对、下单、支付。

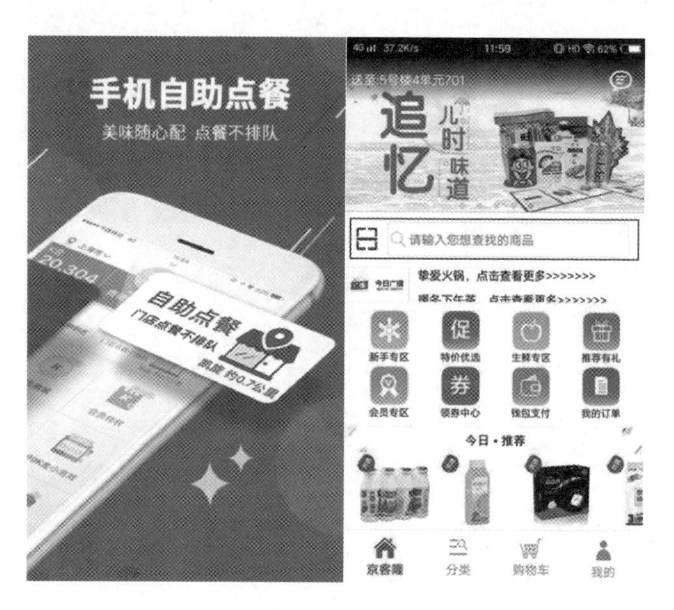

图4-21　肯德基自助点餐APP"快速查找"功能

③ 上市推广

APP推广的主渠道是各类应用商店，目前APP应用商店非常多。有装载在用户手机中的，如小米手机APP应用商店、OPPO软件商店、华为应用市场、魅族应用中心；有专业APP下载软件中的，如安智市场、金立易用汇、木蚂蚁、联想乐商店、移动MM等；有第三方软件中的，如360手机助手、PP助手、UC应用商店；另外，还有部分浏览器应用商店，如百度浏览器、QQ浏览器等。

利用APP应用商店进行推广通常用于首次上线，一个APP首次上线最重要的是覆盖率，一般来讲要求尽可能地全覆盖，能上线的都不要放过。同时还要利用有效的手段，如限免、活动、换量等，预算充足的话最好做应用商店优化（APP store optimization，ASO）。

④ 用户体验

用户体验较好的时候再考虑推广，产品不好、用户体验问题较多的时候去推广，只会砸自己的口碑。用户体验是APP的生命线，一个APP必须有良好的体验，否则暂时不要推广，而是要进一步完善产品。

对产品的完善可先针对小批量用户群试行，让他们去体验反馈问题，并跟进迭代，等这些用户觉得好用的时候再去逐步推广，你要相信好的产品是会自己口碑传播的。这时推广才会锦上添花，快速拥有足够大的用户群。

4.2.5 微信：决胜熟人社交，做好微营销

任何爆品都是以大量粉丝为基础的，粉丝既是直接消费者，也是间接传播者。而在吸粉方面，微信无疑是最大的“利器”。目前在国内，微信是用户最多、关注度最高的社交应用之一。其凭借着丰富的功能、多元化的互动、熟人社交和信息闭环，吸引了大量用户。

如华为荣耀3X的微信预售活动，曾引来30万人在微信端的抢购潮。万达影院开通微信快捷购票功能，日均出票8000张。

案例15

荣耀3X上市前，华为通过微信做预售活动。活动前期，华为荣耀、华为商城、花粉俱乐部官方等都对此次活动进行大量曝光，并用图解的方式辅助说明具体操作流程。因此，本次活动可谓是做足了前期准备，为粉丝们开抢奠定了基础。

在活动当天，官方在微信预约界面加入了奖品，鼓励粉丝参与：即预约用户关注华为荣耀公众账号后方可参与抽奖活动，开放预约时用微信支付1分钱即可完成预约。预约成功后即可进入原预约页面，利用微信支付进行购买。本次活动也取得了良好的效果，总预约量达到30万。

万达影城是众多影城中的一款“爆品”，凭着良好的服务和体验，已经获得了观众的良好口碑。微信营销兴起后，万达影城也与时俱进，积极与微信结合，开发了一套自动售票系统，进一步吸引移动端用户。该系统最值得一提的是便捷的票务服务，只要关注了万达影院微信公众号，就可以实现在线购票、选座、查询热映影片、待上映影片信息、评价分享等，足不出户轻松搞定所有。

同时，影院微信还会不定期做一些活动，在活动期内，用户还可以买到优惠票，获得礼物，或享受到其他特殊待遇，如一分钱看电影（限场次）、送可乐爆米花等。这种回馈带来了非常可观的效果，能很好地抓住粉丝，增强粉丝黏性。

如何利用微信进行营销呢？

（1）充分利用微信朋友圈的广告资源

微信朋友圈是微信的主要功能之一，也是人气最大的聚集地，现如今很多微信用户最大的乐趣就是刷朋友圈。因此，朋友圈也成为商业气息最浓的地方，各类广告层出不穷，除了用户自己发些零星的广告外，微信官方也会允许赞助商发些朋友圈广告，如图4-22所示。

图4-22　朋友圈广告

图4-23　朋友圈H5广告

朋友圈广告中最具代表性的就是H5广告，H5通常以小游戏的形式出现。自从了有H5，朋友圈内各种小游戏开始火了起来，如2048、围住喵星人等。从传播的角度看，这些微信小游戏都非常有营销价值，酷炫的页面、多元化的互动形式，比直白的广告更有吸引力。

案例16 

宝马官方微信曾发布过一个标题为“该新闻已被BMW快速删除”的H5广告，如图4-23所示。一经发布便吸睛无数，据悉，77分钟内便获得了100000以上的阅读量，并获得了各行业意见领袖推荐与分享。

这则广告围绕“速度与激情”展开，画面呈现的是一辆BMW M家族全新车型M2从虚拟的新闻内页呼啸而出，在多个平台任性跨越横冲直撞，实现虚拟与现实的无缝切换，视觉冲击应接不暇，声效配合酣畅淋漓。

微信是一个社交平台，因此所有的广告最好带有社交色彩，然后再在此基础上植入品牌信息，不但可以让用户有眼前一亮的感觉，还可以促使用户转发和分享。H5游戏广告无疑迎合了这一需求，因而现在朋友圈中的H5广告也非常多。

（2）构建微信群，展开场景化营销

之前提到，爆品的营销一定要置于特定的场景中，在微信中同样可以营造场景。按照微信运营逻辑，朋友圈是“喊话系统”，微信群是“场景系统”。在朋友圈发送信息，就相当于对着一群人喊话，这时对方回不回应你，完全由对方决定。而微信群就不一样了，信息在一个特定的场景中，再加上即时、相互的沟通和互动，接受起来更容易。

一对一是非常好的闲聊模式，但一旦推销产品，对方一定会反感，而微信群是有一定场景的，如群成员特征、群名称、群公告，尤其是群的主旨都能够在一定程度上营造特定的场景。如图4-24所示为某宝妈育儿培训群，场景是课堂，成员特征、群名称、群公告都有充分体现。再加上一对多、多对多的沟通，微信群无疑是一个爆品营销、推广的天然场景。

图4-24　微信群营造场景

从这个角度看，微信群推广的打开率、到达率要高于朋友圈。微信群大大节约了推广时间，提高了推广效率。

同时，微信群也是维护消费者关系的一个“利器”。现在非常流行社群营销，为什么？最根本的原因就是社群可以把所有的强关系用户“圈”住，方便将客流转化为资金流。微信群是现如今最主要的社群之一，能够帮助企业维护客户关系，提升用户黏性。

① 提供有价值的信息

无论是潜在客户，还是老客户，对方为什么要加入你的群？一定是心有所图。因此，一定要及时满足他们的需求，至少要让他们感觉有所收获。这就要求群主要定期推送一些有价值的信息，如新品上市、促销活动、优惠折扣等。必要时甚至还要发红包、送赠品。

② 找到“志同道合”的群友

一个活力十足的社群，绝对是由一群“志同道合”“生死之交”组成的，当群主和意见领袖发布一条信息时，群友会无条件地支持、并不遗余力地分享、转发和扩散。

自媒体人、网络营销实战者“怪木西西”在众筹自己的第一本书《怪木西西的微信营销论》时，曾发布了一篇文章《一场用来试错的互联网实验》，备受粉丝热捧。同时，他成立了西瓜会，这些粉丝是最初的一批成员，以各种方式支持他众筹出书。

微信群也要找到无条件支持自己的人，有共同爱好、价值观，对产品认可，有需求。这样才能够把对方发展为熟关系，因为只有有共同爱好和需求的人，才会融入其中，敞开心扉，积极发言、互动，反之加入微信群也无效。

③ 经常互动

这需要群主定期或不定期地策划一些活动引导群成员用户参加，例如针对不同产品进行投票、打分，让用户参与进来，这样用户们才会有代入感。这种互动对于群成员们来说是一种带动，也会吸引更多的成员加入，从而塑造良好的交流环境。

4.2.6 微信公众号，打造专属的微营销平台

微信公众号是企业在微信公众平台上申请的应用账号，通过该账号可实现与粉丝的文字、图片、语音、视频等全方位沟通、互动，构建一个线上线下的营销生态圈。其实，现在很多企业所做的微信营销就是微信公众平台营销。

较之个人微信，微信公众平台更适合爆品开展营销工作。如果说个人微信只能当作一种营销工具来使用，那么微信公众平台就是一个系

统的商业模式。微信公众平台的功能更多，也更强大，通过该平台可以构建一套完善的、系统的营销体系，如图4-25所示。因此，微信公众平台营销已经成为微信营销的主流。

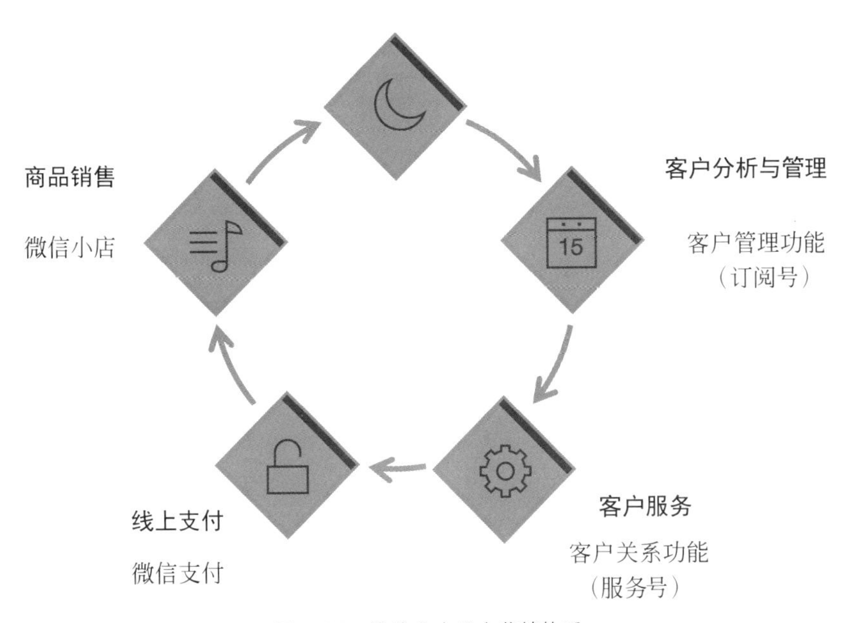

图4-25　微信公众平台营销体系

在具体营销上，可通过订阅号、服务号、微信小店等，它们共同构成了一个完整的营销体系。订阅号、服务号、微信小店具体介绍如图4-26所示。

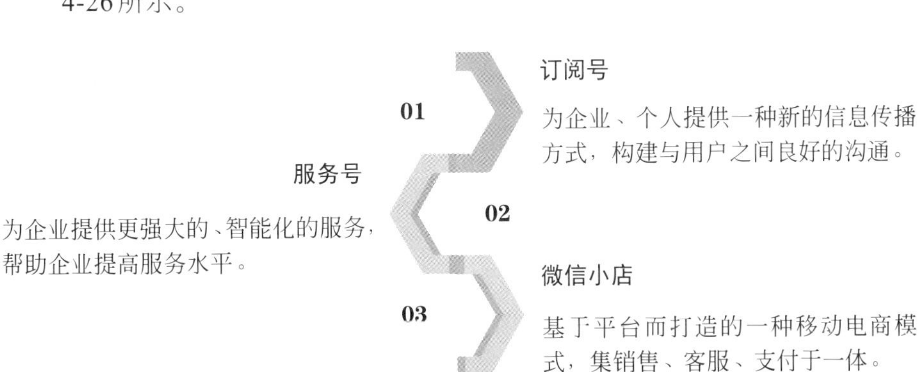

图4-26　订阅号、服务号、微信小店具体介绍

（1）订阅号

适用于企业、媒体、社会团体等组织及个人，主要作用就是向用户提供信息资讯，目的是打造一个移动端的信息交流和交换的平台，且每天可发送1条。

案例17 

假如要宣传一本与网络营销有关的书，就可以写篇软文发布在订阅号上，如图4-27所示。如要征集一批稿件，可以发送征稿启事在订阅号上，为了使更多人知道这条信息，还可以持续发布，每天更新一次，如图4-28所示。

图4-27　微信公众平台软文示例

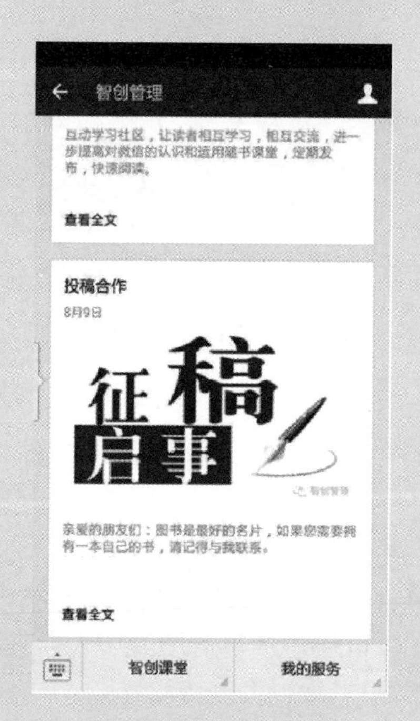

图4-28　微信公众平台文章持续发布截图

微信订阅号的核心就是打通从企业到消费者之间的信息渠道，把企业信息、产品信息有效传递给消费者，通过文字、图片、语音等，树立产品在消费者心中的良好印象和美誉度，或者起到引流的作用，间接地促使产品销售。这有点类似于传统的报刊等的作用。

案例18

2016年7月，“玩物志”公众号正式推出爱范儿旗下的爆款产品——荷兰XD Design安全防盗背包。相关数据显示，这款标价367元的背包，于24小时内销量高达1000只，致使短期内出现断货情况，随后第二批产品紧急上架，但在短时间内再次售罄。

值得一提的是，《这款终极的通勤双肩包，终于被我等到了》一文在“玩物志”公众号发布不久，其阅读数量就突破了4.4万，背包销售量2000个。按照以上数据计算，内容转化率近2.5%，这说明每40个阅读过这篇文章的人就会有1人购买。在内容电商领域，如此高的转化率让人惊叹。

从这个角度看，做好订阅号关键就是做好内容，注重内容运营。在具体操作上可从以下4个方面入手。

① 突出爆品特性

订阅号上推送的任何内容都是为产品服务的，都必须以产品为基础，并在此基础上深度挖掘。除了乏善可陈的产品介绍之外，还要继续细化，最好制造话题，引发用户的参与、讨论。

② 知道用户喜欢什么

订阅号的内容发送什么最核心的一个原则就是用户喜欢什么，这就是所谓的紧跟用户需求。时刻关注用户的内心，站在用户的角度思考，并对其跟踪观察，进行总结提炼，使所发送的内容与用户需求高度吻合。

③ 结合用户反馈信息

有一类内容用户最喜欢，那就是谈论自己关心的问题，因此，可以以用户信息反馈为切入点来制造内容。如用户提问最多、反映最多的问题；用户在购买、使用产品过程中遇到的问题等。这些信息既实用又能吸引用户，从而增强其对公众号关注的持久性和忠诚度。

④ 做好界面的视觉效果

手机端阅读光有好文笔是不够的，还要有富有吸引力的页面。即如何去展示内容，让内容体验变得鲜活起来。这就需要在写好内容的基础上，对内容的表现形式、图文结合度、色彩、图表等进行合理布局，犹如玩积木，利用自己的创意尽量创造多种组合。

（2）服务号

适用于企业、媒体、社会团体等组织，个人无法申请。主要作用是为组织提供完善的服务，满足用户在移动端的服务需求。较之订阅号，服务号群发信息的次数大大减少，每个月只允许发4条。

不过，服务号的主要功能不是发信息，而是构建企业服务体系。在互联网、移动互联网时代，服务是爆品的标配，没有良好的服务光靠产品质量无法打开市场，尤其是旅游、银行、航空、零售等以服务为主的行业，必须要有便捷的、完善的服务渠道。

通过服务号则可达到这一目的，既可最大限度地利用微信这个入口优势留住用户，将服务移动化、智能化，也可节省服务成本，实现效益最大化。

案例19

布丁酒店被誉为“中国第一家新概念”连锁酒店，该酒店自成立以来便致力于为顾客创造时尚、快乐、自由、环保的体验，吸引了以年轻白领、商务人士为主的大批客户。这主要得益于布丁酒店的微信CRM体系，布丁酒店是第一批开通微信公众号平台的企业，在其服务号上为顾客提供了多样化的服务。同时为了给用户带来更好的体验，布丁酒店在用户管理上大胆创新，于2013年初引入了CRM系统，并与微生活后台对接。

图4-29　布丁酒店会员手机验证界面

两者融合后用户进入“布丁酒店”微信服务号，即可享受相关服务，查看附近酒店位置、APP下载、快速预订等，其中快速预定只需输入手机号码即可与会员卡等服务关联，进行酒店搜索、预订和退订等业务，如图4-29所示。

（3）微信小店

在微信公众平台后台可直接开通微信小店功能，开通界面如图4-30所示，开通后即可将小店接入服务号菜单中，如图4-31所示。

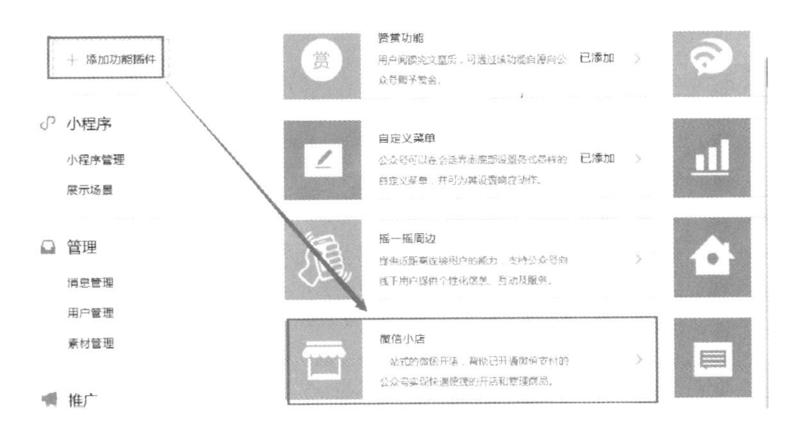

图4-30　微信小店开通后端界面

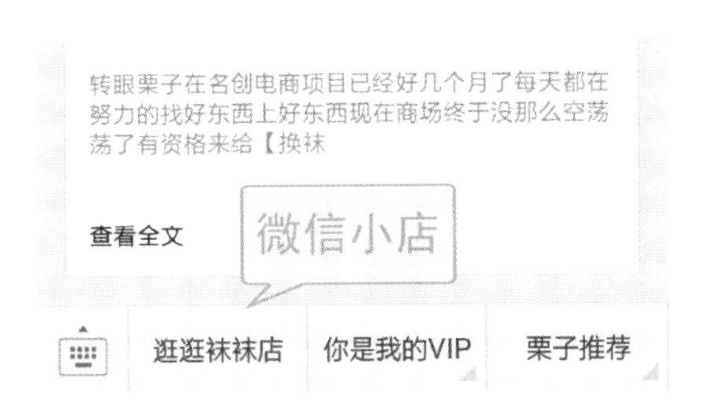

图4-31　微信小店开通前端显示效果

微信小店有多种功能，分别有添加商品、商品管理、订单管理、货架管理、维权等功能。这些功能企业都可以在公众平台上一键完成。

因具备多种能力，微信小店大大丰富了微信营销场景，企业可通过接口批量添加商品，实现快速开店，为爆品打通微信用户奠定了重要基础。

4.2.7　网络直播：充分利用“网红”资源

网络直播催生了大量“网红”，如罗辑思维、papi酱、张大奕、艾里克克等。由于网红自带流量，开始卖产品，其中也催生了不少爆品，如罗辑思维的课程、papi酱的视频、张大奕的淘宝店等。总之，在网红带动下，一款产品的市场影响力会得到大幅提升，销量会出现爆发式增长。

因此，如果企业能充分利用“网红”资源，通过直播来宣传、推广自己的产品，那么离爆品也就不远了。

案例20

2016年8月21日，一款网红霜——佳澜新品发布会在北京召开，这场发布会最大的亮点不仅是产品，还有百位来自各直播平台的网红、时尚美妆达人。他们全程参与新品发布会，走红毯、做现场直播，惊艳全场，引爆很多粉丝互动。同时也带来了产品的销售高潮，仅半个小时狂销30万盒。

2017年3月8日妇女节期间，一直播平台邀请3家MCN机构，联合170余位网红主播发起了一个为期5天的“红人直播淘”活动。活动设置诸如“仿妆梦露挑战赛”“三生三世桃花淘之唇釉大比拼”等直播主题，鼓励粉丝与直播互动。涉及彩妆、唇妆、香水、洗护、护肤、服装搭配等多个层面全程直播，为用户提供全新的购物体验。本次活动累积直播1379场，观看量突破2.4亿次，销售额达898万元。

越来越多的企业、品牌开始与网红主播合作，如欧莱雅开始培养自己的网红等。网红直播这样的新营销模式，大大提高了与消费者的互动，提高了品牌知名度和销量。

自网络直播风行以来，“网红”就成为一股社交新势力。他（她们）美丽、自信、独立，出现在各类社交平台上后，可快速赢得大众关注，并引领经济新潮流。自2015年大范围兴起后，网络直播成为众多企业营销的新选择。一些市场嗅觉灵敏的企业花大力打造“网红-直播营销”模式，旨在将企业打造成“网红企业”，将产品打造成“网红爆品”。

那么，具体该如何打造网红-直播营销模式呢？

（1）选择合适的网红

网红，在爆品营销中扮演着三个角色：产品推广员、品牌代言人、消费体验者，对爆品宣传、推广有非常大的促进作用。但并不是所有网红都适合做产品推广员和代言人，盲目选择合作对象，不但无法起到应有的作用，反而可能让直播成为一场“作秀”。

对网红的选择标准只有一条，那就是一定要与产品的调性相同，或相似。如推销美妆用品，就需要与美妆网红合作；推销衣服就需要与服装网红合作；推销养生品最好与中医网红合作；推销意大利红酒最好与意大利厨师网红合作。

调性很大程度上代表着需求，调性一致需求才能一致，否则就会出现供需不对称。假设一家卖红酒的却找服装网红合作，其效果肯定不会太好。因为服装网红的调性是做服装，其粉丝的需求是对服装感兴趣，但对红酒就不一定了，即使有几百万粉丝，购买酒的概率也依然会很低。

（2）选择合适的直播平台

直播是以各大平台为载体的，换句话说就是做直播必须在某个直播平台上，拥有该平台的账号，如YY、一直播、花椒直播等。

根据直播内容，直播平台大致可分为4类，分别是秀场直播平台，游戏直播平台，电商直播平台和纯商业直播平台。4类平台各有优势，秀场直播平台、游戏直播平台的优势是数量大、受众多，可最大限度扩大产品的传播面；电商直播平台、纯商业直播平台数量和受众相对较少，但专业足够高，可实现产品更深层次、更对口的传播，如平台方可提供营销方案策划、推广工具推荐、营销数据分析和效果反馈等服务。目前市场上每类平台的代表，具体如图4-32所示。

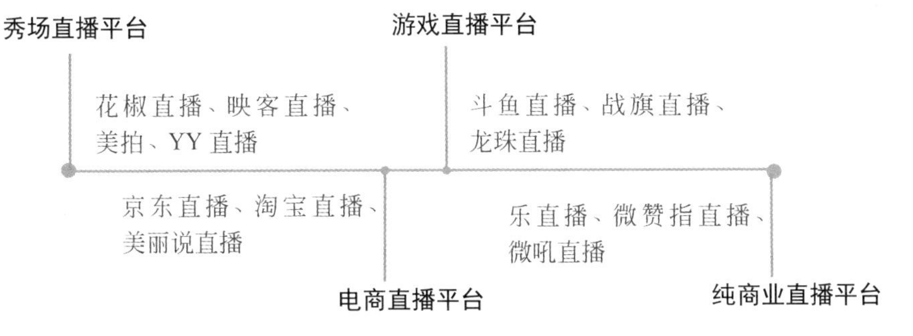

图4-32　网络直播4类主要平台及代表

泛娱乐直播是目前直播最多的内容，几乎所有的平台都不同程度地有泛娱乐内容，诸如直播吧、风云直播、乐视体育、章鱼TV等平台。秀场也是平台间竞争最为激烈的内容之一，以映客、花椒、一直播、小米、YY LIVE、陌陌为代表，为争夺用户，纷纷在秀场上寻找突破口；游戏直播以斗鱼、熊猫、虎牙、全民、龙珠、战旗为代表。

但是有一点需要特别注意，那就是6%的其他类直播内容。那么，这6%代表什么呢？很大一部分就是商业直播。

（3）打造富有特色的直播账号

直播账号的申请注册非常简单，难的是如何让自己的账号更有特色，更容易脱颖而出。这就需要运营者（主播）有构建和管理账号的能力，给自己的账号贴上个性化标签。

打造直播账号最好采用多维式打造法，从多个角度、多层面打造自己的账号矩阵。按照账号所属平台、类型、功能，以及任务的不同，需要对账号进行特殊定位。事实上，很多企业都是这样做的，在这方面企业比个人要做得好很多。

接下来就以企业的做法为例进行简单的分析，阐释如何通过构建账号群来实现多层面的直播活动。

案例21

小米公司的微视直播账号，根据功能分设为了两个，一个是@小米手机，另一个是@小米MIUI。两个账号定位不同，分别为用户提供不同的服务。如图4-33所示。

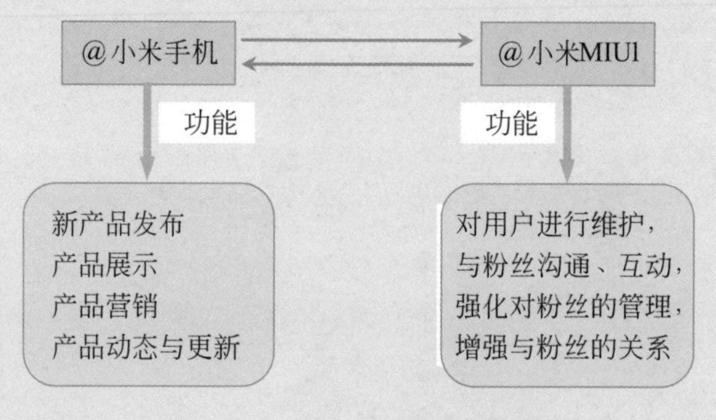

图4-33　@小米——直播账号矩阵

（4）精心策划直播内容

直播是内容营销的新形式，内容贯穿直播营销的整个过程。因此，提升内容质量，并对内容进行精心策划，是做好直播的核心工作，也是吸引粉丝持续观看、主动传播、分享的关键。

在提高直播内容上最主要的是要做到足够了解产品，明确产品的核心价值，了解用户需求。因此，在做直播前，需要问自己3个问题，如图4-34所示。

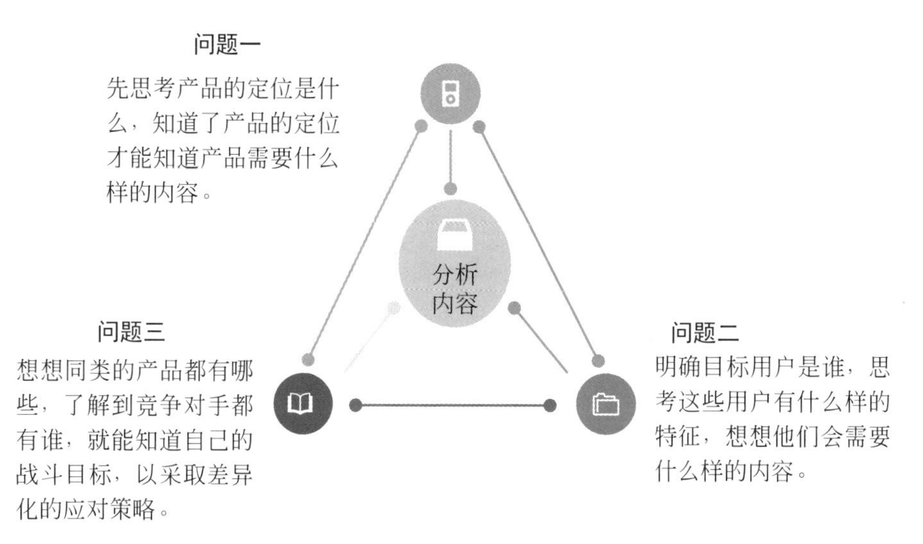

问题一
先思考产品的定位是什么，知道了产品的定位才能知道产品需要什么样的内容。
分析内容
问题三
想想同类的产品都有哪些，了解到竞争对手都有谁，就能知道自己的战斗目标，以采取差异化的应对策略。
问题二
明确目标用户是谁，思考这些用户有什么样的特征，想想他们会需要什么样的内容。

图4-34　直播内容定位重点考虑的3个问题

这三个问题有助于企业了解自己的产品，了解用户需求，让产品和用户需求更吻合。这也是内容运营必须做的工作，前期定位越清晰、越精准，内容越容易被认可。

4.2.8　手游：在游戏中植入

在游戏中植入广告，如以游戏背景、游戏道具的形式出现，已经是游戏行业中最成熟的广告模式。游戏商家将赞助商的广告植入到游戏背景、道具中，通过玩家用户付费购买、使用进行传播。这是一个多方共赢的模式，玩家、直播平台、游戏厂商、赞助企业等都受益。

我们这里重点谈一下手游，手游是游戏行业向下延伸发展的一个重要领域，随着移动互联网、智能设备的发展和大范围运用，很多互联网公司、游戏开发商看到了手游的巨大盈利空间。360发布的手机游戏报告显示，2014年中国移动游戏市场实际销售收入为274.9亿元人民币，同比增长了144.6%；而下载量排名前100的手机游戏，拥有手游比例从一季度的33%猛升至四季度的52%，收入更是达到了普通游戏的2倍。

2015年是手游发展的爆发年，以影视改编为代表的手游层出不穷，并获得了巨大成功，这些都为爆品的推广提供了必要条件。

案例22

《终结者2：审判者》将京东和百度外卖以道具形式植入游戏。如图4-35所示为京东制作的带有京东商标的盒子，里面包含一些高级装备。而“百度外卖”则以恢复道具的形式出现，玩家在游戏中拾取、“食用”“百度外卖”后可以恢复全部生命值。

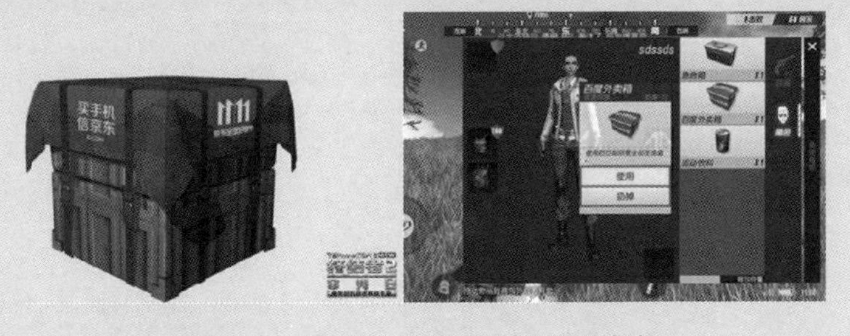

图4-35　京东、百度在手游中植入的广告

4.3　行走在终端，做好线下实体营销

4.3.1　选址：爆品要展示在人最多的地方

爆品销售需要“流量”的保证，只有有了流量才有足够的曝光度，才有足够的人来关注。互联网时代，流量为王，流量就是资金流，这种流量在线上是网络流量，线下则可理解为人流。我们知道，人流量大的地方也一定是经济效益最好的地方，作为线下爆品，首先需要选

择一个“黄金地带”来带动。

因此，爆品的门店选址必须选人流量最大的地方，我们最熟悉的麦当劳，所到之处总能成为当地人气最旺的店铺之一，有些地方即使规模很小，也人满为患。这源于他们对选址的重视，麦当劳有严格的选址原则。

案例23

麦当劳是全球最大的连锁快餐店之一，分店遍布全球很多国家和地区。在地址的选择上，无论在哪里都要经过一系列的讨论：总部、地方公司全部参与，层层把关，最终做出决定。久而久之，也逐渐形成了一套相对固定的选址原则。

具体原则分别如下。

① 消费人群最集中的地方

麦当劳的消费群体主要在年轻人和孩子，这一定位决定了其必须选择该群体人流量较大的地方。比如商业街、大型商场、超市、娱乐场所、车站附近等，这些都是年轻人最集中的地方，是其潜在的消费者。

② 周边配套设施相对完善

细心的人都会发现，很多麦当劳店是“店中店”，其实这正是他们的一个选择原则：与周边的产业结构形成互补。比如，周边是商业区、住宅区，保证有足够的消费力；与肯德基相邻，达到优势互补、资源共享。

③ 不急于求成，着眼于长远

麦当劳很多店的地址，都瞄准了有发展前途的商业街和商业圈，或新辟的学院区及住宅区。这也是麦当劳布点的一大原则：着眼于未来，坚持二十年不变。因此，麦当劳在考察选址时会结合城市的规划。比如，是否会出现市政动迁和周围人口动迁，是否会进入城市规划中的“红线”范围。

麦当劳在选址上的谨慎，为其在全球范围内业务的开展提供了绝对保证。对于大部分企业来说，虽然没有麦当劳品牌吸引力大，也没有麦当劳如此科学完善的商业计划，但是在选址上很多都是通用的，完全可以借鉴利用。

很多店开业后，支撑不了几天便关门停业就是因为选址不对。从商业角度讲，选址的原则无非遵守三点：第一，人流量大；第二，不易被截流、分流；第三，选择一个好邻居。

（1）人流量大

客源是店铺盈利的最大保证，因此，在成熟度和稳定度比较高的商业区开店非常重要。

比如，规划局计划开发某一地区，这一地区将来会形成一个商业气氛浓厚的商业地带，但尚未进入施工阶段。这个时候，你会选择吗？有些人看中未来肯定会毫不犹豫地选择。但是，如果是麦当劳、肯德基肯定不会这么做，一定要等到商业圈成熟稳定后才进入。这就是为什么强调要在最聚客的地方和其附近开店的原因。

（2）不易被截流、分流

选址一定要考虑人流的主要线路。有很多实体店经营者在选址前会简单地认为，这里人流量很大，应该能满足供应。但是他们忽略了一个最大的问题，就是这些人流会不会被竞争对手截住。客流是流动的，在这个区域里人流也许很大，但拐一个弯也许就小了。拐一个弯无所谓，看似影响不大但很容易出现截流、分流等情况。

比如，人们从地铁出来后，在地铁口会聚集200人，但一出口马上会向东西南北四处分流，你的店如果在出口东面的话，按比例只有50人经过。所以说，人流量大小只是一个含糊的概念，在选址之前要有一套完整的数据，分析之后才能据此确定。

（3）选择一个好邻居

远亲不如近邻，邻居生意好的话，也可以给你带来客源，实现优势互补。因为在大部分消费者看来，彼此相邻的店面，其商品质量也相当类似，所以，跟类似的品牌坐落在同一地点十分重要，这就是所谓的“寄生”策略。

比如，在高档百货大楼旁开服饰店、在大型超市旁开饮食店，消费者被名店、大品牌吸引的同时也会注意到旁边的小店。

在遵循“天、地、人”三者协调的同时，还要结合本店的实际情况。比如，有的行业对地理位置的要求不是很高，可以选择在闹中取静的地方，但必须首先是口碑很好，其次是服务很完善。

4.3.2 橱窗：营造氛围，强调视觉冲击

在实体端，橱窗是一个非常好的爆品展示区，如果把实体店比作一个人，那好的橱窗就好比脸，姣好的面容必然会赢得更多人的喜欢和青睐。无论店面大小，必须要打造好橱窗，并用心去设计。

ZARA（飒拉），国际上零售做得比较好的一个服装品牌，他们的橱窗陈列非常有特色。接下来就看一下他们的橱窗设计是如何做的。

案例24

ZARA的橱窗展示，总结起来就是八个字——成套陈列，组合推动。先来看一套组图，如图4-36所示。

图4-36 ZARA橱窗陈列实效图

模特身上的衣服、裤子是要展示给消费者的主产品，最醒目的是身上还配有帽子、背包、围巾。

再看看另外一组陈列，如图4-37所示。

图4-37　ZARA橱窗陈列实效图

男模特戴了一顶帽子，领口挂了一副眼镜，显得很随意，很休闲，很青春。

这只是ZARA橱窗展示的一个代表，还有很多类似的设计。也许有人会觉得好奇，ZARA为什么要特意突出这些小细节呢？其实，正是将商品自然巧妙地组装，成套陈列，才能充分体现出品牌的风格和主题。

这种成套的创意组合陈列，让消费者体会到了整个品牌的风格、气质以及对细节的重视。从而对商品不由地产生了想要拥有的欲望，进店购买就是自然而然的事情，也就难怪ZARA的销售业绩在同类店销量中一向出类拔萃。

橱窗，是商品展示的绝好载体，可刺激人的视觉神经，达到诱导、引导消费者消费的目的。有人曾这样说，“人的消费欲望70%靠视觉，20%靠听觉，让消费者的眼睛在店面橱窗前多停留5秒钟，你就获得了比竞争品牌多一倍的成交机会”。

一个有创意的橱窗展示，不但可以使商品得以全方位地展示，呈现出“立体”效果，而且能让消费者从橱窗中了解品牌风格和文化。当前的橱窗展示已经受到了所有实体经营者的认可和重视，尤其是知名品牌店对橱窗的要求，无论是资源投入，还是内部设计都已经达到了一个非常高的程度。

综上所述，作为实体店经营，必须充分利用好橱窗这个资源，因为只有做好橱窗展示才能最大限度地抓住消费者的眼球，从而引导他们积极地去购买。大多数店已经意识到了这一点，也开始在橱窗设计方面下功夫，不过，若想真正赢得消费者的青睐还需要掌握6点技巧。

（1）分清橱窗类型

为更好地适应市场的变化，充分把握消费者的心理需求，设计橱窗前必须了解橱窗的类型，抓住重点。就像上面案例中的ZARA店一样，只有抓住了重点，突出了创意才能有更多的消费者临门。

橱窗有很多类型，不同类型的橱窗，在设计时所要把握的重点不尽相同，按照陈列的不同标准，可划分为5大类型，见表4-3。

表4-3　橱窗陈列的划分依据以及类型

划分依据	定义	类型
橱窗宣传主体	按照商品的类型进行组合	同质同类；同质不同类；同类不同质；不同质不同类
陈列的顺序	按照不同的次序进行组合	从左至右；从上至下；按照类别分组排开
橱窗宣传主题	围绕某个宣传主题，营造特定的情境，选择相关的商品进行陈列	向消费者集中传达一个主题，比如元旦陈列、世博会陈列等节日陈列；场景陈列；事件陈列
橱窗商品独特性	采用独特的表现手法，着重推介某一类商品	新产品陈列；特色产品陈列
季节的变化	根据季节的变化，对陈列商品做相应的调整，以满足消费者应季购买的心理需求	春季产品陈列；夏季产品陈列 秋季产品陈列；冬季产品陈列

（2）结合整个店的大环境

橱窗作为实体经营的一个组成部分，不是孤立存在的，任何创意和设想都需与其存在的大环境相吻合。因此，在对橱窗进行设计时要考虑到整体，从大局出发。具体而言，需要从以下4个方面与实体风格保持一致。

a. 橱窗的设计理念上；

b. 橱窗的装饰、设计风格上；

c. 商品展示的陈列上；

d. 商品展示的主题选择上；

（3）橱窗的设计技巧

看到很多服装店橱窗里的模特，仅仅穿一件衣服或裤子，光着头，光着脚丫子，何来美观之谈？这是非常大的失误！站在消费者的角度去看，一个有精心设计橱窗的店铺，与一个橱窗设计粗糙的店铺，大多数人更愿意光顾前者。如果一个店铺，它的橱窗设计过于单调，毫无新意，则很难引起消费者走进去的欲望。在此，有几个设计技巧需要参考。

① 背景的设置

橱窗背景包括对橱窗各个面的布局，也包括对橱窗色彩的搭配。通常而言，橱窗的形状要大而完整、单纯，切忌复杂的装饰。在色彩调配方面，适宜使用明度高、纯度低的色调，也就是明快的颜色，如绿、粉、天蓝等。总而言之，背景的颜色以能够突出商品主题为佳，以免喧宾夺主。

② 道具的选择

橱窗设计要有美感，有丰富的主题，单调的人、物、花很难吸引人。因此，具有可塑性的模特以及道具的选择就尤为重要。比如，可以选择面部表情丰富及动作不拘一格的模特，这样可以传达出动感、欢快、休闲的感觉。此外，可以适当地选择一些道具，如桌、椅等，营造出一个立体的、具有情节的氛围，从而增加橱窗的吸引力。

③ 灯光的运用

灯光是最能够吸引路人的元素，因此每个橱窗在灯光配置方面都应充满想象力和创造性，比如可以采用顶灯、下照角灯等立体设计，从而获得由反射、折射而来的柔和光线，如此既起到了照明的作用，也极具装饰效果。

同时，橱窗不是越亮越好，而是以能衬托出服装的亮点为佳。比如，光线要尽量柔和隐蔽，集中照射在背景和模特身上用来衬托服装，同时打造出一种亲切随意的氛围。

④ 广告语言

橱窗除了具有展示功能外，还是最好的宣传阵地，因此，恰当地使用一些广告语言可以加强橱窗的主题表现。但是，由于橱窗空间有限，不可能融入大篇幅的文字，所以橱窗中的广告语言要精练、简短、有新意，以标题式的广告用语为主，既要唤起消费者的兴趣，又要易于朗读，便于记忆。

橱窗的设计是促使爆品在实体营销中取得好业绩的手段之一，对消费者的吸引也具有重要的意义。

4.3.3 内部区域：店铺各功能区划分有技巧

一个富有创意的内部设置，不仅能使实体店充分利用有限的资源，物尽其用，人尽其能，而且还可以产生强大的集客能力，提高消费者的光顾率，促进销售，同时也深刻影响着消费者对店铺的第一印象。因此，内部设置成为实体经营必须要考虑的问题。

案例25

北京新东安商场是王府井商业街上的标志性建筑，明快的风格既融入了现代都市的时尚，也保留了原东安市场的古朴，特别引人瞩目。同时，也是国内最著名的时尚休闲购物热点之一，能为消费者提供全新的购物体验。

但很少有人知道，它也是容客量最大的商场之一，这与它的内部布局风格有关。商场中央区是宽敞的开放性通道，商场顶部阳光直射中央区，不但能给消费者平和、安详的购物感受，还便于消费者向四周环视，站在中央区即可方便地看到周边的任何角落。

再加上中央区设置的三部垂直透明箱体电梯，由于电梯靠近空旷的中央大厅边缘，在平稳流畅的上下运行中，消费者在电梯里也可以看到整个商场，每一个摊位、专卖店都尽收眼底。

许多人愿意逛新东安商场，一是因为名气，二是因为其人性化的布局，能给人带来不一样的享受。

总体布局是指营业环境内部空间的总体规划和安排。良好的总体布局不仅方便了消费者，减少了麻烦，而且在视听等效果上能给人们带来一定的美感享受，这是吸引回头客、提高消费者忠诚度的因素之一。

总体布局的原则是视觉流畅、空间感舒畅、购物与消费方便、标志清楚明确、总体布局具有美感。反之，不良的结构与布局会给消费者带来许多麻烦与不便，进而影响到消费者的心情和购买成功率。

纵观现在的趋势，大跨度空间结构成了现代实体店内部设置的主流。倡导以市场为导向，重点突出消费者需求。具体表现为缔造空间格局，扩张店内的容客能力。这里的空间格局包含三层意义：一是商品空间，即商品陈列的场所，比如陈列柜、陈列架、展型台等；二是营业空间，是指销售人员或服务人员接待消费者、提供服务的场所；三是消费者空间，指消费者进店后，参观、浏览、选择和购买的场所，如图4-38所示。

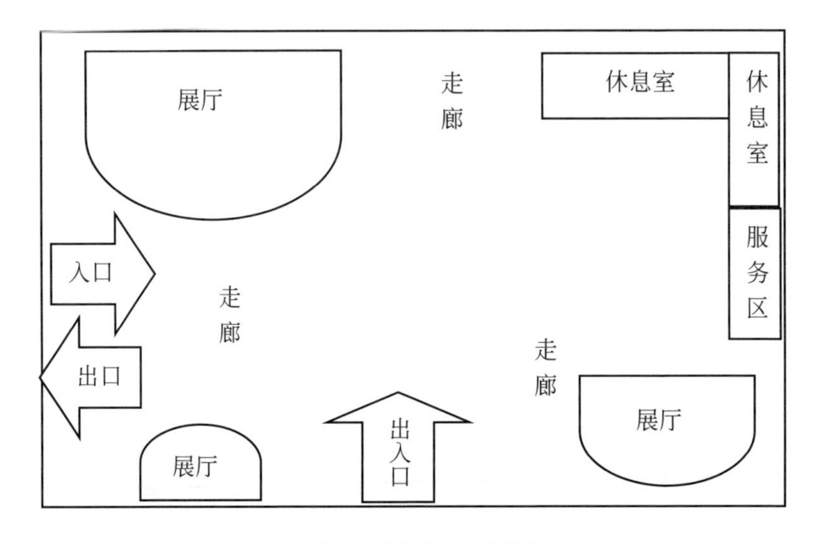

图4-38　以消费者需求为中心的实体店布局平面图

这种格局的设置颠覆了以往以“商品”为中心，盲目追求种类和数量的理念。毕竟最终决定业绩的不是产品，而是消费者需求，只有产品符合了消费者需求才能促使对方购买，否则，商品种类再全、数量再多也无济于事。

接下来，就来看一个实体店大致需要哪几个功能区，各功能区的设置原则又是什么。

（1）商品展厅设置原则：有利于提高售卖率

商品展厅是招客、引客的主导区，如何让进店的消费者痛快地掏钱是这一功能区的根本所在。从这个角度讲，展厅区一定要有较大的容客能力，并能最大限度地吸引消费者购买。因此，在这个区域的设置上需遵循这样的原则：空间要足够大。

一般来讲，可设置两到三个区域，一个主区域（A区）、一个或两个预备区域（B区或C区）：实体店的优势商品陈列在A区，其他产品陈列于B区或C区，见表4-4。

表4-4　商品展厅区商品陈列区域分布和特点

区域	商品特点
A区	知名品牌，或知名品牌下属子品牌
	目前广告投放量较大的热门品牌
	市场上热捧，消费者正在关注的品牌
B区	不适宜做大规模宣传的
	口碑较好、利润较可观的二线、三线终端品牌
	得到时间和市场验证的、消费者耳熟能详的特色品牌
	利润满意、销量大的传统老品牌
	可以短期追逐利润的终端炒作品牌
C区	价格相对低廉，而品质合格的国内、国际品牌。比如，洗护类和关联度高的日用品
	流量大、利润薄的广告品牌。比如化妆用具、化妆杂品、发饰品

值得注意的是，我们不能错误地理解为陈列于A区的就一定是好产品，而陈列于B区或C区的就是次产品。之所以设置A、B、C区是出于营销所需。因为进店的大致有三类消费者：一是有明确购买动机；再者无明确购买动机；无购买动机是最差的一类。一般来讲，后两种消费者，要么只是随便看看，要么压根不准备买东西。但站在店主的角度可不能这样想，最理想的状态是把所有的进店消费者都当成目标消费者，当她们在浏览A区商品而不感兴趣时，就会进一步被引导到B或C区，当看到许多不同类型、不同品牌的商品时购买动机就由此产生了。

A区作为“主导区”并不是第一盈利区，只是起到一个抛砖引玉的作用。更大的利润区由B区或C区来满足，即经过利润主导区后，带领消费者到达后面两个区，B区是用实惠来吸引消费者，C区是用低价商品吸引消费者进一步消费。

（2）出入口设置原则：易于消费者进出

出入口的设置通常在1.5米左右，有的店为方便进出，会将入口与出口分而设置，这时出口要稍宽于入口。同时，出入口的设置还要让消费者有一种“进店看看”的欲望。要达到这种效果，就不单单是尺寸的问题了，还包括透明度好、光线要足、布局合理，有利于集客等。

（3）柜台设置原则

事实证明，柜台的零售额与消费者从柜台前经过的次数成正比。因此，柜台的设置原则是要有利于消费者尽可能多地经过。然而，有些店在设置营业柜台时常犯一个“通病”：出现“死胡同”现象，什么是死胡同，即消费者沿某一个方向看完这面的商品之后，必须折回来再观看一遍才能走到另一组柜台去。

这样设置的目的很明确，就是增加消费者观看商品的机会。但这种布置方式弊大于利，不可取的地方在于当里面的消费者折回来之后，必然与新走入的其他消费者相遇，这样很容易造成柜台内人数增加、拥挤忙乱的现象。

可见，柜台的设置形式很重要，除了最大限度地满足消费者光顾商品的需求，还要注意到空间需求，力争使消费者走在里面很舒服。常见的柜台设置形式有3种。

① 封闭型柜台

这是最传统的一种格局，能将消费者空间与营业员空间分隔开来。在封闭型柜台里，营业员的作用十分明显，一举一动都对消费者的购买起着决定性作用。比如，一位僵硬无表情地营业员一定令消费者敬而远之；反之，如果热情、大方、笑脸相迎的营业员，必然会赢得消费者的好感，提高产品售卖率。

② 自选式柜台

指的是营业员与消费者共用一个空间，可以有一定的店员空间，也可以没有特定的店员空间。最有代表性的就是化妆品超市，消费者进店后可随意挑选，营业员除礼节性招呼外，几乎不会主动干扰消费者的购买行为。

③ 封闭自选混合式柜台

上述两种格局的混合形态，也是目前最流行、应用最多的空间格局。普通商品用自选式货架陈列，开架销售；部分有档次、价格高的商品，则在局部封闭型柜台销售。消费者在自选区没有示意求助，任其自选；消费者走近封闭型柜台时，常常表示她需要获得营业员更多的售前服务。销售行为应追求轻松自然，促销员站位忌固定在店中央等待消费者招呼。

（4）通道设置原则

通道设置有两个要点。

第一，要足够宽，所谓的足够宽是指既要保证消费者提着购物筐或推着购物车，又能与同样的消费者并肩而行或顺利地擦肩而过。通常来讲，通道的宽度与店铺规模成正比，规模越大，通道相应越宽。下面列举300 ~ 2000平方米规模通道设置表，通道宽度基本设定值见表4-5。

表4-5　300 ~ 2000平方米规模通道设置表

单层卖场面积（m^2）	主通道宽度（m）	副通道宽度（m）
300	1.8	1.3
1000	2.1	1.4
1500	2.7	1.5
2000	3.0	1.8

第二，通道的形态选择，一般来讲通道有直线和岛型两类。直线适用于一般中小型的店，岛型适用于大中型店。当前，单独使用两者的比较少，大部分采用以直线为主，局部曲线的方式，不过，千万不可采用斜线。

4.3.4　商品陈列：陈列手法中蕴藏的购买暗示

好的陈列能给消费者一种美的视觉感受，因为视觉刺激能撩起消费者的购买欲望。爆品实体店打造在陈列上总是能够充分展示它们的内涵，令消费者进店的一刹那就能被吸引。

商品陈列指的是商品在货位、货架和柜台内的摆放、排列等。法国有句谚语："即使是水果蔬菜，也要像一幅静物写生画那样艺术地排列，因为商品的美感能撩起消费者的购买欲望。"如图4-39所示为高档蔬菜陈列示意图。

货架每个格子内放着一种不同的蔬菜，包括青椒、红椒、黄椒、黄瓜、番茄等。原本蔬菜是非常普通的商品，但蔬菜有个特性就是颜色诸多，利用这个色彩理论，我们将红、黄、绿等各类艳丽的蔬菜用时尚的方式呈现出来，激发顾客很大的购买欲望。

图4-39　高档蔬菜陈列示意图

商品只有先让消费者停下来去看，才有可能使消费者对其进一步产生了解，如商品的品质、口感、文化品位等。现如今各品牌店竞争激烈，店主们纷纷使出浑身解数来提高企业的业绩，最有效、最直观的一种方法就是有技巧地陈列商品。

走进家乐福、沃尔玛、大润发、欧尚、联华等各大超市、商场，你会发现专业人士善于利用不同的货架、商场空间来表现商品，或线状陈列、或筒状陈列、或缝隙陈列、或柱状陈列、或斜型陈列、或堆放陈列等。这些繁多的陈列手法中，最根本的一条原则是——陈列必须能激发起顾客的购买欲望，因此陈列手法中蕴藏着购买暗示。

商品陈列最基本的一条原则就是丰富感，或者叫展示溢出感，让顾客一眼望去就有购买的欲望。

案例26 

啤酒和尿不湿的故事是沃尔玛的一个经典故事，其实讲的就是商

品陈列的技巧。经过对卖场销售数据的分析，沃尔玛卖场管理人员发现了一个很奇怪的现象：尿不湿和啤酒的销售额极其相近，发生时段、增幅大小几乎完全一致。

这令卖场人员很奇怪，两个完全没有关系的产品的销售情况为什么会如此一致？为此，他们做了更详细的观察和分析，最后得出答案：原来，很多妻子在家照顾婴儿，无暇逛超市，只能打发丈夫出来给孩子买尿不湿；这些年轻的父亲都有喝啤酒的习惯，每次都会顺便带几瓶啤酒回家。

得到这样的结果后，卖场为了方便消费者，干脆将这两个产品陈列在一起。

上述案例展现了陈列的技巧，尤其是某些特点鲜明的商品，常规的陈列方式是无法完全展示出来的。陈列需要研究消费者的消费心理，因此，店主要真正重视起商品的陈列，针对不同的商品，使用不同的陈列方式。

任何一种爆品，小到一颗珠子、一枚戒指，大到一件衣服、一款机器都有一定的陈列规律。店主必须精通商品的陈列之道，利用陈列展示商品的外在美，所谓的外在美就是运用多种手段将货架上的商品予以美化，对商品的外在美予以强化，借此激发消费者的购买欲。

如何陈列是有技巧、有原则的，一般来讲应按照以下3个思路进行。

（1）陈列多样化

消费者最关心的是所要购买的商品，一入店自然会将目光放在目标物上。这就需要货架上的商品要足够多，而且要有差异化、多样化，这样才可能让消费者有更大的挑选余地，间接地增强消费者的购买欲望。

试想一下，如果货架上的商品只有零星的几种，品种不全，容易使消费者产生一种不好的印象，消费者一旦产生这样的心理，购买的欲望将会大减。因此，陈列一定要使货架丰富起来，当然，这不是盲目地求数量，而是品质、品位也要上去，比如，高贵、上档次的商品往往数量较少，这时可以在货架上摆放一些茶具或者工艺品等来丰富货架。

（2）尽量以组合的形式陈列

商品以组合的形式出现不仅使商品展示具有更大的延伸性，能最大限度地激发消费者的购买欲望，同时，还可以节约空间。据统计，运用商品组合陈列比单个陈列，可提高至少10%的销售额。

需要注意的是，商品陈列的组合形式有很多种，组合的标准不同其表现形式也不同。你也可以根据商品的相同类型排比组合，也可以根据不同类型对比组合；可以围绕商品的外在特点进行排列组合，也可以围绕人为设置的某个主题进行排列组合。具体见表4-6。

表4-6　商品组合陈列的类型

分类陈列	根据商品的质量、性能、特点和使用对象进行组合。它可以方便消费者在不同的花色、质量、价格之间挑选比较
关联陈列	将不同种类但可相互补充的商品陈列在一起。这种组合方式充分运用了不同商品之间的互补性，以使产品陈列多样化，同时增加了消费者购买商品的概率
主题陈列	设置一个主题进行组合，比如以季节、某一节日、事件等。这样组合的目的是创造一种独特的气氛，吸引消费者的注意力
整体陈列	以一个整体进行组合，比如上衣、裤子、鞋帽等可以作为一个整体，从头至脚完整地陈列。这样的组合能给消费者以整体设想
整齐陈列	按商品的尺寸组合，根据商品的长、宽、高整齐排列。这种组合突出了商品的量感，一般用于批量推销或者量较大时
盘式陈列	将装有商品的纸箱底部作盘状切开后留下来，然后以盘为单位堆积上去，这种组合方式是整齐陈列的延伸，表现的也是商品的量感，不同之处在于一般为单款式多件排列
定位陈列	给某商品固定的位置，一般不再作变动。这种组合方式用于名牌商品或知名度较高的商品，由于消费者购买这些商品频率高、量大，所以需要对这些商品给予固定的位置来陈列以方便消费者
比较陈列	将相同商品按不同规格、不同数量予以分类，组合。这种组合方式是利用不同规格的商品价格上的差异，促使消费者因其廉价而做出购买决策

（3）营造特有的氛围

商品陈列的第三原则是，产品在以不同的陈列方式陈列的同时要营造出一种特殊的气氛，或温馨、或明快、或浪漫。它具有调动情绪、激发感情、催生欲望的作用，以消除消费者与商品的心理距离，使消费者对商品生发出可亲、可近、可爱之感。店内的商品也是会说话的，通过不同的陈列可传达出不同的信息。

某童装专卖店，可以混合男性、女性、儿童模特儿，制造一种“家庭”的氛围，让消费者感觉亲切温馨。珠宝、K金饰品专卖店，尽量要创造一种高贵的环境，典雅的柜台、高级天鹅绒铺垫、柔和的灯光，可使K金光华四射，宝石熠熠生辉，这些特殊气氛的烘托，大大增加了产品的魅力。

4.3.5 体验式销售：设立体验场景鼓励消费者参与

前面多次讲到，爆品的其中一个特征就是多场景、高体验，无论在线上还是线下。如以前大家住酒店，往往都是看硬件、看环境，而现在看的是服务人员的态度，看内部服务。某酒店为了满足消费者的服务需求，推出了“浪漫定制房”“闺蜜定制房”，还有为一家三口准备的“亲子定制房”。

看似一个简单的服务，却营造出了独特的营销场景。让顾客在入住时马上与场景也建立了某种联系，酒店不再是冷冰冰的房间，温度悄然而升。

这就是我们所说的体验式推销，当爆品走进线下，必须体验至上，让消费者参与其中，亲自动手、动脑去体验、去参与。

案例27

随着消费者消费观念的转变，体验式销售逐渐在国内普及开来。尤其是在电子产品、健身器材、房地产等行业非常流行。比如，我们常见的三星手机体验店、苹果电脑体验店、IT体验店等。为什么要设立体验店？体验店与专卖店、零售店最大的区别就在于能让消费者亲身体验产品效果。

在房地产领域，体验式的推销更为盛行，究其原因就在于有一个良好的接待、展示环境。这种环境可以让客户感受到未来的生活场景，而非仅靠想象或者描述。这对客户而言是个定心丸，毕竟对于这个要用毕生心血换来的房子很难放心，而实地考察，多体验几次就会消除这些顾虑。

对于所谓的体验式推销，可以这样简单地去理解，即在现场建造一个样板区，包含样板景观环境、建筑立面、大堂、示范区、体验区以及若干样品。当然，也会在其间体现服务标准，以体现产品的贴心或者尊贵。

要想让客户真正地认识、了解产品就必须创造便利条件，引导客户亲自去体验。身临其境地去感受要比说一千句话还管用。但如何能让体验更加有效或者令人回味，还是要下些功夫的。

案例28

很多人到海南旅游时买椰子是必不可少的，一商家并不是直接将几个椰子卖给消费者，而是营造场景让消费者买得舒心，尽管价格不菲，但大多数游客也乐于购买。该商家的做法如下。

第一步：环境渲染

大多数游客对购物心存芥蒂，海南销售商是如何消除的呢？以了解地方特色为名义，将游客带往椰子生产基地。在这里无论看到的、听到的都是椰子是海南的特色产品，如果汁、果肉以及其他很多奇妙的产品。这些产品被冠以海南特产，其实秘密就在这，冠以“特产”名义后，首先游客从精神上就得以放松。因为这不是购物而是常识了解，犹如带孩子去参观科技馆是为了增长孩子的知识和见识，在这个前提下无论产品多昂贵都会显得毫无意义。

很多人会这么想：来了趟海南，了解下当地的特色产品也值得。其实，此时大多数人已经有了准备购买产品的心理准备，销售商正是抓住了游客的这种心理。

第二步：动手参与

接下来，销售商会带游客到椰子加工基地，整个生产加工过程全方位地展示在游客眼前，非常清晰的流水线、透明的橱窗、穿着雪白工作服的人员。看着椰子被加工成了汁、肉，而后加工半成品，最后再到成品，不少游客就产生了好奇心，在销售商的引导下就会参与到制作过程中。

这个参与的过程就是促使游客产生购买意向的主要一步，如果第一步考察阶段尚未打动消费者内心的话，那么此时，大多数游客已经开始蠢蠢欲动了。

第三步：促成购买

在经历了椰子生产、加工过程后，很多游客已经对自己偏好的产品有了极大的购物需求。此时商家会告诉所有人，成品在超市。成品为什么不直接售卖而要放到超市呢？这就是销售商的最后一计：超市不是在购物，而是为你注入最后一记定心针。

他们会提供各种游客需要的特产作为礼物，这种奖励的礼物赠送时还会有一个故事跟随，将是非常有趣的。再加上配套的打包服务，对于即将回家的游客来说，更加方便，如此的服务也的确很贴心。

就这样，游客在超市里面大肆购物，基本没有去考虑成本。后来对比其他超市的价格，发现果然买贵了，高出大概20%～30%，尽管游客此时都会说自己买贵了，但丝毫没有显得沮丧。究其缘由，关键在于对方注入的"实地考察，了解椰子的生产、加工"的过程。在精神放松的情况下，购物会变得异常有趣，这与那些增加的成本相比更值得去付出。

这个案例告诉我们，只要体验做得到位，消费者同样愿意花更高的价格去购买。纵观我们身边，这样的例子比比皆是：体验式的幼教学校，无论孩子表现出色或是不如意，都会刺激父母为其付出高价学费；高档的餐饮，顾客也会为了高雅的环境，当然还有可口的饭菜而付出高价。

企业应该充分认识到这点，在推销时多多为消费者创造体验的机会，让他们切切实实地感受到产品的好处。具体的步骤可借鉴案例中提到的三步，先实地考察，营造氛围，再引导消费者亲自体验、亲自参与，最后对产品进行包装，达成交易。

对于体验式销售的定义一直没有明确的规定，顾名思义可以理解为，通过视觉、触觉、感觉等人体感官来增加消费者切身感受的一种销售方式。这种方式更有利于产品或服务的效果深入人心。

4.3.6 顾问式销售："利本位"转向"人本位"

当爆品转移到线下，就需要销售人员的辅助，通过销售人员的推介让消费者更详细、深入地了解产品。但这种推介与传统做法还是有很多区别的，需要坚持“人本位”思想，即始终以消费者为中心。

比如，同样是推销液晶电视，传统销售着眼点在“电视机”本身，强调多长多宽、清晰度如何、商家信用等；而“人本位”的着眼点则是在消费者，强调环保、无辐射、视觉效果以及其他情感需求，如和谐的家庭氛围、对小孩子的眼睛无刺激、提高生活质量等。

以前的传统做法是“利本位”，而现在是“人本位”，做爆品销售必须坚持“人本位”，做顾问式销售。所谓顾问式，就是把自己当作“顾问”，站在消费者的角度，为其提供专业意见、解决方案，使消费者在产品或服务买卖过程中充分发挥自己的能动性。

顾问式销售的出发点是消费者，与传统方法不同，它不只是把产品卖给客户，而是赋予了产品生命力，通过产品这个媒介挖掘出消费者的内心需求。

顾问式销售是建立在SPIN模式上的一种实战技巧，SPIN是美国著名销售咨询专家Neil Rackham和他的研究团队，历时12年，耗资100万美元，结合35000多个销售实例，10000多名销售员实践分析研究出来的一种销售技巧。这种技巧认为，在与客户会谈时，应该本着为客户解决问题的宗旨出发。

SPIN是背景问题（situation）、难点问题（problem）、暗示问题（implication）、需求利益问题（need-payoff）4个英语词组的首位字母合成词，如图4-40所示。分别解决的是了解、试探、暗示、下定论的

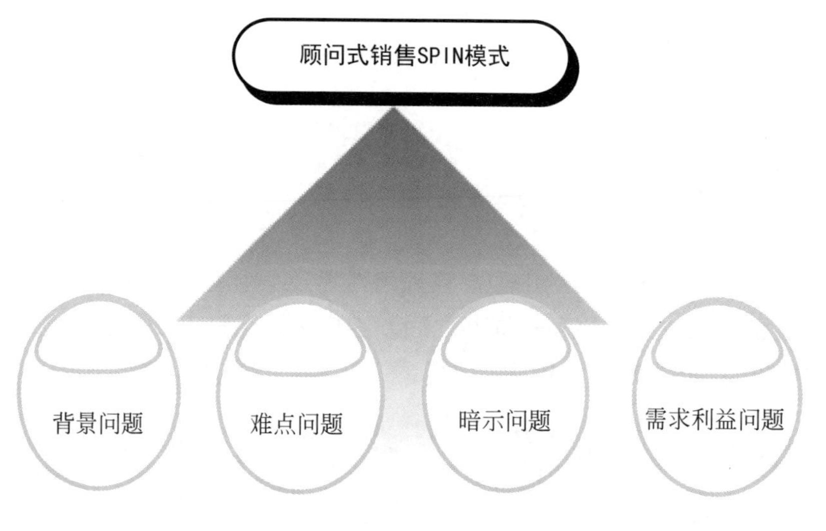

图4-40 顾问式销售SPIN模式

过程。因此，做顾问式销售可以以上述4个问题为基础来发掘、引导客户需求。

因此，顾问式销售可将SPIN模型当作指南，通过提问来了解客户的心理需求。所提问的问题有4个，具体如下。

（1）了解性提问

情况性问题，即指客户的基本信息，比如收入、职业、年龄、家庭状况等。通过这些问题来了解客户的现状，以及背景资料，以建立完整的客户资料档案。

（2）探索性提问

这类问题主要是为了探索客户的隐性需求，尤其是当前所遇到的苦难，面对的问题与不满。比如，你对现在的产品满意吗？你对产品还有什么建议……通过激发客户更多的需求，进而营造主导权使客户发现明确的需求。

（3）暗示性提问

暗示性的问题，在不便于明确提问时要学会用暗示的手法，这也是使客户感受到隐藏性需求的重要与急迫性非常重要的一步。暗示性的问题很多，具体如下。

您看如果我们不合作，是否会影响整个工作的进程？

相信我们的合作会很愉快，您说对吧？

我们已经就这个方案进行了多次沟通，您看还有什么我可以帮到您的？

您帮了我这么多，我该怎么感谢您呢？

这些问题看似是在问，实则是明知故问，目的是维持客户的购买兴趣，刺激其购买欲望。

（4）下结论式提问

经过上述不同层面的提问之后，客户往往会认识到需求的急迫性。对方一旦认同就必须立即采取行动，从而提出需求利益问题让客户明确需求，说明解决问题的好处与购买利益，促使客户做出购买决定。

顾问式销售从提问、沟通的角度，为爆品提供了一种全新的销售理念和方法。通过沟通交流，找到客户现有的需求，或引发其说出隐性需求。

值得注意的是，由于客户的心理本身是一个发展、动态的过程，因此，并不是任何情况下都需要遵照SPIN模型去提问。比如，利用问题试探对方的隐藏性需求时，可辅以隐喻性问题，以获取更多的信息；当客户已经明确表达自己的需求时，可以直接提到第4类问题。总而言之，在具体运用上要根据实际情况灵活运用。

05

Chapter

第5章

提升服务、注重体验——服务和体验是完美爆品的终极拼图

在这个多元化的消费时代，再也没有单一的爆品，一个爆品往往需要给以配套的服务和体验，在有些领域，服务和体验甚至比产品本身更重要。所以说，服务和体验是完美爆品的终极拼图一点也不为过，作为产品经理不但要有做“好产品”的意识，更要有做“好服务”的意识，以提升爆品的附加值，提升消费者的消费体验。

5.1 产品品质打动客户，优质服务留住客户

5.1.1 提供优质服务，彰显综合魅力

服务被认为是销售活动的延续，同时也会促进产品的二次销售，两者相辅相成，互为促进。因此，产品经理在打造爆品时一定要重视提供配套的服务。服务重在打造消费体验，只要能在服务上前进一小步，就可以实现业绩上的一大步。

美国汽车大王亨利・福特曾说："要把服务客户的思想置于追求利润之上，利润不是目的，只是为客户服务的结果而已。"在当前这个服务至上的时代，消费者越来越注重精神享受和心理感受。在爆品打造和营销过程中，做好服务，提升服务质量是一大卖点，也能大大增加爆品的附加价值。

因此，在向消费者展示爆品时，需要兼顾到他们对服务的需求。

案例1

韩国一款化妆品气垫霜，深受消费者的青睐，其主要原因就是实行了"产品的私人定制"。消费者可以根据自身需求自定义材质、图案，只要将自己的意见、方案反馈给商家，商家就会根据消费者的需求进行私人定制。

这大大满足了消费者的个性化需求，其实，这些还不是这款品牌的最大优势。其最大的优势在于在接受产品私人定制的同时，还有配套服务的"定制"。服务定制也是该产品个性化需求的重要组成部分。该产品根据消费者定制了一整套服务，包括完全预约制、私密订做环境、面对面的沟通、一对一的指导、及时记录皮肤状况与后续跟踪回访等。

该产品依靠"服务"的优势成为韩国众多化妆品品牌中的佼佼者。服务，绝非是产品销售的辅助性"添头"，而是一种不可分割的组成部分，它往往体现着爆品的特色之处，也体现了产品"以人为本，客户

至上”的理念。当服务在消费者心中稳固地生存时，它便成为一种强力黏合剂，把产品和它的消费者紧紧地粘在一起。

然而，爆品如何体现自身的服务优势呢？至少要做到以下3点。

（1）保证服务的趣味性

趣味性是服务最基本的一个关键点，通常需要精密策划、高效执行，让消费者感受到被服务的乐趣。

案例2

精油是一个小类目，在淘宝上的销售并不高，而阿芙精油则在这个细分市场中做出了大成绩，连续多年在精油类目中保持销量第一。原因就是阿芙精油充分发挥了特色服务的力量，客服人员不仅24小时在线，还极具个性化，他们把客服分为“重口味”“小清新”“疯癫组”“淑女组”等不同风格，以适应不同类型的用户。

同时，还会在包裹中放一些让人非常惊喜的赠品，如可以收藏，也可以送人的“2012”船票等。推出的一些服务也会让用户眼前一亮，例如至尊包邮卡（一个卡状的4GBU盘），用户还可以购买终生免邮服务。阿芙设有“首席惊喜官”，不断研究、设计用户喜欢的环节和礼品。

（2）保证服务内容的丰富性

当你将一件产品销售给消费者时，你有想过给他们提供一些额外的附加值服务吗？很多产品是没有的。服务内容的丰富性是指不仅要提供围绕产品而开展的配套服务，还应提供相关的额外服务。

为客户提供超值的额外服务，可提升产品知名度，提高产品的附加值，带来足够的投资回报率。

案例3

在所有的航空公司中，毛里求斯航空可谓是独树一帜，备受乘客欢

迎。这源于他们为乘客提供的额外旅游服务，将每个乘客都变成“游客”，无论乘坐飞机的目的是什么，每个人都有机会观赏毛里求斯的美景。

毛里求斯是著名的旅游胜地，为了提高乘客的体验，毛里求斯航空充分利用“地利”的优势。不但为旅客提供行业内规定的标准航空服务，还提供额外的旅游服务。如旅行计划套餐预订服务、直升机接送服务、为游客订制观光路线服务、为游客提供租车自驾服务等。

值得注意的是，提供额外服务通常要求是非常高的，在服务的内容项目上，需要超越标准服务，为客户提供更加方便、个性化的服务。因此，当考虑为消费者提供额外服务时，应该考虑以下几个问题：第一，服务内容的质量是否更高；第二，提供哪些专属服务；第三，是否符合客户的价值主张。

（3）保证服务方式的多样性

多样性是指要摆脱手段单一的局限，这也是未来提升服务质量的内在要求。现在有很多企业积极与互联网、移动互联网相结合，实现了多渠道、多手段、多方式的综合服务模式同时进行，与传统的方式相比，更能满足消费者需求。

案例4

如某酒店利用微信构建了一套完善的服务体系，大大满足了不同游客的服务需求。

如利用微信扫一扫实现售后服务的信息验证、维保索赔等业务。通过二维码、条形码的支持，可以对产品条码或者维保证书进行扫描。

利用朋友圈进行内容分享，设计交易后的回访和致谢内容，同时，添加激励措施，鼓励消费者进行朋友圈分享。

利用近距离无线通信技术（near field communication，NFC）技术的支持，实现与智能家电、物联网等的对接，实现智能的人机对话。

利用微信语音对讲功能实现了增值类服务，如人工语音的自助服务、拓展信息服务、转语音信箱服务/转电子邮件/OA系统服务、城市/企业秘书台等。

利用微信公众号自定义菜单、设置关键字回复功能，实现智能交互菜单。建立了类似于呼叫中心的互动式语音应答（interactive voice response，IVR）机制，从而让微信客户服务可以实现更大比例的自助服务。如业务咨询、费用查询、订单查询、业务受理状态查询等查询类业务，以及自助下单、交付和预约资源（座位、包厢、菜品）等预约类业务。

利用微信可以在公众平台上对好友进行分组，然后基于不同分组进行差异化的主动服务，可以实现一个简单的CRM功能。比如针对不同消费群体的业务提醒、促销通知、产品服务调查、消费交易后的回访、生日关怀等业务。

总之，经过对微信多功能的利用，该酒店实现了与游客的一对一交互。且这个交互是私密的、双向的，私密性确保了信息不被传播，双向避免的是单向的推送，而更好地体现了企业与游客的平等对话。

在爆品的营销和推广过程中，服务是不可缺少的组成部分，一个被消费者认可的产品，首先必须要建立完善的服务，使消费者在购买的过程中能享受到专业、全方位、周到的服务。有了完善的服务保障体系，才能稳固消费者的购买信心。

5.1.2 以行动确保服务，维护消费者利益

优质的服务不在制度上，更不在口头上，而是体现在实际行动中和每一个细节中。为消费者提供服务，要“接地气”，以便真正地走近他们心里，多听听他们的心声和呼声，了解他们的实际需求和真正愿望。

只有如此，消费者才能在心底里信任和支持我们，有了大众的信任和支持，我们的工作才能有强大动力。

案例5

海底捞是餐饮界的“爆品”品牌，自始至终都十分重视客户服务。如为消费者提供的免费零食、美甲、上网等服务曾经是它令消费者眷顾的一大法宝。有了微博之后，事情变得更有趣了。“婴儿床”的故

事，大概是第一条在微博上引起重大讨论的关于海底捞的微博。大意是一位网友在海底捞吃饭时，服务员特别搬来一张婴儿床给孩子睡觉。随后，海底捞一系列令人目瞪口呆的行动又接连被网友“爆料”了出来。从“劝架信”，到“对不起饼”，再到“打包西瓜”……

海底捞的种种服务几乎已经超出了平日里受惯餐厅服务员白眼的网友们的想象力。无论各种“爆料”是真实的还是杜撰的，这都不重要了。总之，海底捞就这样成功了。

在为消费者提供服务时，多关注细节是非常有必要的，就如案例所述，即使一个小小举动也可以大大加深消费者对企业、对产品的信任。目前，许多企业只把注意力放在服务的制度层面上，在服务的总体规划上却忽视了执行，尤其是其中的很多细节常常被认为是微不足道的小事而被忽略。然而服务无小事，正是这些细节决定了企业无形产品的质量，从而决定着企业经营的成败。

服务是由服务项目、服务质量、服务设施及服务环境等多种因素共同构成的，每个因素中都蕴含着很多细节。如服务项目的设置是否科学、合理，服务设施是否人性化，服务环境是否独特等。

服务就是服务人员根据个体消费者的特点、要求，提供相应的优质服务。细节服务相对于标准化服务的区别在于，主动服务，从小事入手，具体要求如图 5-1 所示。

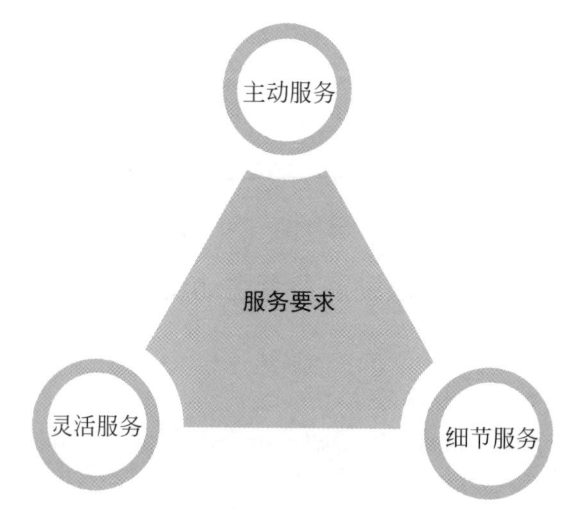

图5–1　服务的要求

（1）主动服务

应该站在消费者的角度，主动为他们提供服务，帮助他们解决问题，让消费者更深层次地享受到因购买而带来的体验。很多企业的销售人员总是简单地认为，自己只负责推销产品，其他的与自己无关。其实不然，服务是营销工作中非常重要的一部分，不仅代表企业的形象和影响力，还可以作为一种无形的产品直接提供给消费者，也可以作为有形产品的附着物一同提供给消费者。

因此，在面对消费者时，无论是从企业层面看，还是从一线销售人员的执行层面看，都必须要有主动服务的意识，将自己的服务主动提供给消费者。

（2）灵活服务

是指在向消费者提供服务时，除了必要的原则之外，还应善于根据实际情况随机应变，灵活有弹性，做到消费者利益最大化。

如今的市场竞争异常激烈，如果只是按照规范和流程提供机械的服务，必然无法提高消费者的满意度。唯有让服务动起来，既坚持原则，又灵活有弹性，只有以这种灵活机动的理念为指导，以全新的姿态为消费者服务，才能赢得消费者的信赖和真心支持。

（3）细节服务

细节服务，是指在向客户提供服务时要善于抓细节，从小事做起，并认真去做好它。任何事情都是由很多细节组成的，尤其是服务业，良好的服务往往体现在细微之处，当把细节做好时，整个服务的质量也会相应地得到提升。

围绕爆品来做服务，就是做好每个细节，为消费者提供高质量、高体验的服务，以优于行业服务标准的超常服务，服务好每位消费者。

5.1.3 完善沟通渠道，鼓励消费者主动反馈

对于爆品而言，服务是销售的一种延续，只有服务跟得上才能算得上真正做到了极致。现如今，很多企业已经有了强烈的服务意识，在为消费者提供优质产品的同时，主动提供相配套的服务，因而赢得了广大消费者的支持和青睐。

德国大众汽车公司流传着这样一句话："第一辆汽车是销售人员卖的，第二辆、第三辆汽车都是服务人员卖出的。"

在国内，华为也是注重售后服务的代表，而且经历了一个"以产品为中心"向"以服务中心"的痛苦大转移。

案例6

2010年9月下旬，华为多个经营高管团队（executive management team，EMT）的高管开通了微博。华为终端董事长余承东是其中最活跃、与用户互动最多，也是被业界和用户"吐槽"最多的华为高管。在外界看来，这是华为多种"诠释"走向开放的标志之一。而在背后，每一个华为终端员工，都感受到了由内到外的强烈变化，习惯了为运营商做用户支撑的售后和服务部门更是如此。

2003年，郭新心刚刚接手华为终端全球交付与服务部。到2010年，华为售后服务一直都是跟随运营商做"保障型"服务，可以说是一种被动式服务应对，目的是为保障运营商提供的手机不要有大的事故出现，因此当余承东仿照用户在微博投诉，尝试通过114查询华为手机售后服务时，得到的答案竟然不是官方的"4008308300"售后服务电话，这让余承东感到华为的终端服务改进的确迫在眉睫。

面对各方突如其来的压力，郭新心首先从打通用户和华为终端的直接联系开始重新梳理。华为终端所有的手机中都内置了售后服务APP，用户可查询到自己购买机型TOP 10的问题应对，还可以通过GPS一键定位到最近的服务网点进行维修。

其次，建立了"首问责任制"，即不管是官方微博的维护人员、接听电话的客服人员，还是服务网点的营业人员，谁先接触到用户的投诉就将成为"端到端闭环服务"的责任人，对用户遇到的问题一追到底，直到问题解决。

除此之外，华为终端还建立了对微博、Facebook等社交媒体、论坛的用户意见监控，定期将收集到的客户反馈，按照重要程度排序，然后发送给终端管理层。各相关业务部门会对跟进报告进行总结、分析，直到问题彻底解决。

众多事例说明，“服务”在产品推广、推销过程中的重要性。严格地讲，售后服务更多的是一种企业行为，而且大部分由专门的售后人员提供。销售人员的主要任务就是完成产品的推销，至于服务只要交给公司或者专门的服务人员即可。这种理解是错误的，产品+服务是个完整的链条，当消费者在购买产品的同时，也购买了相应的服务，因此，销售人员必须承担起提供售后服务的重任，或者协作服务人员做好售后服务。

销售人员作为企业与消费者的桥梁，必须将企业的服务宗旨落到实处，切实地维护好消费者利益。因而，能否为消费者提供良好的服务，也成为衡量销售人员是否合格的标准。服务至上，利益第二，售后服务是销售人员工作中一个非常重要的环节。那么，为消费者提供服务工作应该如何做呢？

（1）对消费者提出的问题有求必应，有问必答

有些消费者在购买产品之后会萌生“产品是否真有用”“是否物有所值”的想法。或者在使用过程中会遇到这样或那样的问题。

当消费者带着这些疑问与你谈话时，他们最大的希望是听到你积极的回应，明确的答复。这时，销售人员一定要做到有求必应。切记，唯有从根本上消除消费者的疑虑，才能够使对方心甘情愿地认可你的产品。

当然，这里所说的有求必应、有问必答，并不是答应所有的要求，无条件地满足对方。

（2）对消费者心理上的疑惑要多引导

有些消费者对产品有意见是因为受周围人的影响。比如，张三曾经对某产品印象不好，就对李四说这个产品如何如何不好，这对李四是非常大的负面引导。所以，在遇到这类消费者时，销售人员必须多关心、多鼓励，多和他们联系，做足心理上的慰藉工作，潜移默化地影响他们。

（3）对未来生活理念和优良品质的引导

销售人员不只是卖产品，更是消费者理念的传播者。消费者的消费观念一般来自于自己的消费习惯。而对于一些新的消费理念则靠销售人员来塑造。

作为销售人员有义务、有责任去引导和培养消费者的正确消费理念，帮助他们提高生活品质。新的消费观念一旦确立起来，消费者自然会对产品产生兴趣，甚至会把这种“好东西”与朋友分享。这样一来，该用户不仅会成为你的一位稳定消费者，还会成为一位帮你推销产品的好帮手。

一个成功的销售员，不仅要看他能成功地达成几笔交易，还要看其在交易成功之后能否主动为消费者提供优质的服务。售后服务作为销售活动中一项非常重要的活动，并不是随随便便完成的，它有自身的工作原则。销售人员在向消费者提供售后服务时必须最大限度地满足消费者的需求。

5.2 建立服务机制，没有服务何谈爆品

5.2.1 全程服务：前期预热，中期控制，后期保障

随着消费者维权意识的提高和消费观念的变化，他们在选购产品时不再只关注产品本身，而是更加重视与产品相配套的服务，包括售前和售后。为此，很多企业特意加重了这一领域的投入。令人担忧的是，个别推销员并没有完全意识到这点，他们的思维仍然停留在单纯的产品推销上。

新加坡航空公司是世界上最好的航空公司之一！连续几年被评为A+，无论是飞机机型，还是机队质量，尤其是服务质量都是最好的。

新航充分引入了全程服务理念，将其贯穿到服务的每一个环节。

案例7

提升机票方面的服务，是新航自2012年以来做得最好的服务项目之一。他们提出了精确服务法，具体做法是通过各地（全球范围内）的网络订票系统，明确所有的乘客在任何国家、任何时间都可以预订到任何班次的机票，且一定会得到飞机上的座位号。

同时，乘务员会将座位号贴在每个乘客的登机卡上，站在机舱门口

欢迎乘客，并引导乘客对号入座，接着在舱位图上做记号。

在飞行过程中，乘客可以享受乘务员其他温馨的服务，为了保证每位乘客都能享受到服务，公司还会预先将全体乘客的姓名按舱位平面图进行准确排列，并及时交给当班乘务员。每个乘务员在短短几分钟内必须记住自己所负责舱位的所有乘客的姓名，一般一个乘务员要服务数十位乘客，一下子记住这么多乘客的名字也是很不容易的。

试想，当乘务员以贵姓来称呼乘客时，会使乘客从心理上拉近了与新航之间的距离，感到自己在这里受到了不一样的尊重，那种心理感觉是何等的美妙！而这样细致体贴的精确服务，在世界航空公司中是独此一家。

多年来，新航公司以其独特的人性服务、增值服务和精确服务理念在群雄角逐的国际航空业中独领风骚，多年来连续被国际民用航空组织评为优质服务第一名。这些成绩的取得并非偶然。的确，新航的服务有很多独特的东西，在服务战略、服务理念和服务策略的构建方面，有着很深的内涵。新航在服务的过程中，及时引入了西方的先进服务及管理理念，然后结合东方文化中固有的文明待客的礼仪，将二者充分地融合在一起，以“乘客第一”为服务宗旨，规范每一个服务行为，细化每一个服务流程。以细致入微的服务征服了来自五湖四海的乘客，并通过各国的乘客口碑，使新航的服务品牌誉满全球。

在当前这个服务至上的时代，消费者越来越注重精神享受和心理感受，因此，企业经营者在推销产品的同时也需要完善服务、提升服务质量。广义上的服务包括三个阶段——售前、售中、售后。大多数人常规上的理解只是指售后服务，这是一个误区。当前，由于市场环境的需求，大部分经营者只是将售后服务放到特别突出的位置，而忽略了销售中和售前的服务问题。其实，售后服务只是服务工作中的一种形式，很多时候售前、售中服务更重要。

因此，企业经营者在完善服务时要三者兼顾，千万不可顾此失彼，有所偏颇。

（1）做好“售前”服务

售前服务的内容多种多样，主要包括调查客户信息、进行市场预测、提供咨询、接受电话预订等。那么什么是售前服务呢？概括起来通常是指，在产品销售前，或者消费者未接触产品前，进行的一系列与产品宣传、刺激消费者购买欲望有关的工作。

售前服务是正式展开销售前的一系列辅助性的工作，主要是为了协助客户做好需求分析和系统引导，使得产品能够最大限度地满足市场和消费者的需要。其核心可用三句话概括："提供市场情报，做好服务决策""突出产品特色，拓展销售渠道""解答客户疑问，引发客户需求"。

为了更好地做好售前服务、企业经营者，或是市场人员、销售人员，需要以市场信息、消费者需求为前提，严格按照流程进行。售前服务计划制订的流程如图5-2所示。

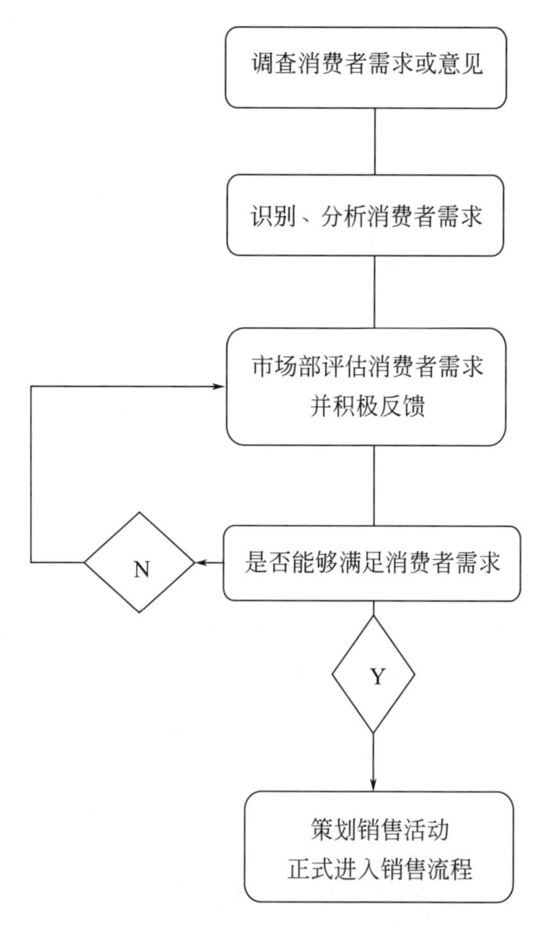

图5-2　售前服务计划制订的流程

（2）做好“售中”服务

售中服务，顾名思义是指在产品销售过程中、在推销现场为消费者提供的相关服务。具体包括与消费者进行充分的沟通，深入了解消费者的需求，协助消费者选购最合适的产品，以及解决消费者在购买过程中遇到的困惑、问题等。

从这个角度来看，售中服务的过程就是销售的过程，围绕着销售机会的产生、销售控制和跟踪、价值交付等一个完整销售周期而展开。相当于是为消费者提供最合适的购买方案，这需要企业经营者、销售人员有一定的过程管理能力，使消费者在购买过程中有享受感，从而融洽与消费者的关系，增强消费者的购买决心。

结合售中服务的概念和意义，经过总结，可以发现售中服务包括以下4方面的内容。

a.与消费者深入交谈；

b.了解消费者需求；

c.化解消费者异议；

d.向消费者介绍最满意的产品。

（3）做好“售后”服务

对于售后服务，大家是最熟悉的，也是关注最多的一个环节。是指在商品卖出去之后，商家根据实际开展的一些后续工作，比如民意调查活动，听取消费者对促销商品的使用情况，以及消费者对促销有哪些改进意见等。

售后服务的内容和形式多种多样，关于售后服务的内容大部分消费者都比较清楚，主要体现在以下4个方面。

a.实行、兑现“三包”，包修、包换、包退，或者购买时的其他相关服务协议；

b.征集和处理消费者来信、来访等投诉意见，解答消费者的咨询；

c.根据消费者要求，进行有关使用等方面的技术指导；

d.负责产品的维修服务，并提供定期维护、定期保养。

同时，值得注意的是，售后服务不但要体现在虚心接受消费者的投诉，还要主动提供服务。因此，售后服务的形式要多样化、灵活化。比如网站民意调查、定期跟踪回访等。事后开展售后活动，有助于拉近企业与消费者之间的情感距离，有助于更好地制订营销计划，进而保证企业更好地发展下去。

服务作为爆品销售中一项重要的辅助活动，并不是孤立的一点，而是一系列的工作，在不同的阶段以不同的优势来带动销售，以最大限度地满足消费者需求。

5.2.2 全员服务：高层中层基层，人人都是服务人员

全员服务是指企业任何一个组织，一个团体，一个人，无论你是服务部门，还是非服务部门，是高层领导，还是基层员工，都要有为消费者服务的意识和服务的能力。

现在不管是餐饮行业，还是工业企业，尤其是新型互联网企业，都在逐渐地意识到全员服务的重要性，都在积极地探索全员服务的新思路。

案例8 

小米构思有一套全员服务的机制，即人人是客服，人人可参与客服工作，每个部门、每个人都有为用户提供服务的义务。例如，有用户在微博上反馈了小米路由器信号弱的问题，最后解决这个问题的可能不是服务人员、技术人员，而是产品经理。产品经理主要负责的是销售工作，怎么还去管产品的售后问题？这在其他公司似乎不可理喻，在小米则行得通。

“人人皆客服”不仅仅是体现在公司内部，还包括外部用户，一个用户可以为另一个用户解决问题，而且相互之间你情我愿，倾囊相助。这是因为大家共在小米这个平台上，有了一种荣辱与共、惺惺相惜之感，愿意去参与、去奉献。

全员客服，其实就是在激励参与感，激励员工、用户积极去参与公司的管理，这样一种氛围也使得问题解决起来更迅速、有效，更容易获得用户信任。

在小米，“人人皆客服”仅仅是参与感营销策略的一部分。它充分利用了社会化媒体的优势，提高用户参与产品制作、改进的程度，真正切合用户的内心需求，解决用户使用产品过程中遇到的问题。

全员服务意识是要使企业全体员工在充分认识到整体的基础上，为一个共同目标——为用户提供满意便捷的服务而努力。只有在客户满意的前提下，才能完成我们的工作任务。

全员服务的理念是人人服务，事事服务，时时服务，处处服务，内部服务，外部服务，如图5-3所示。全员服务指企业所有员工以服务为中心，整合企业资源和手段的科学管理理念，产品、价钱、渠道、促销和需求、成本、便利、服务等可控要素进行互相配合、最佳组合，以满足顾客的各项需求（服务手段的整合性）；同时全体员工应以服务部门为核心，研发、生产、财务、行政、物流等各部门统一以市场为中心，以顾客为导向，进行服务管理（服务主体的整合性）。

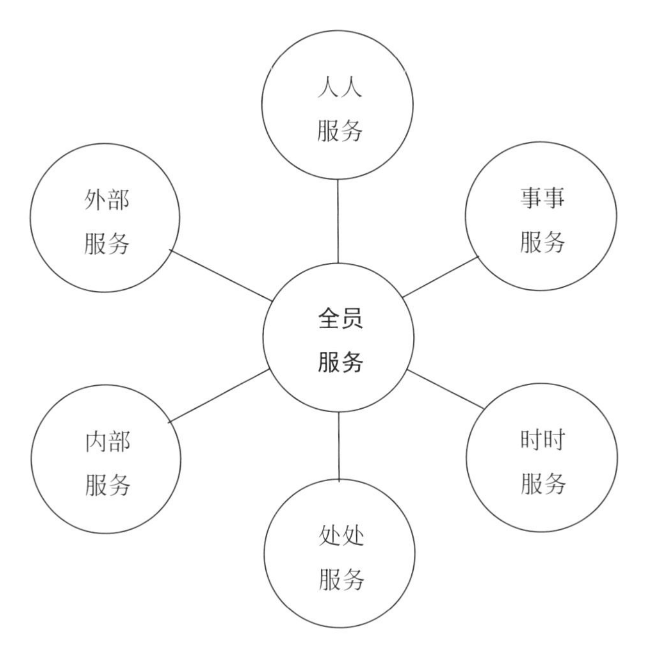

图5-3　全员服务的主要内容

无论是大公司还是小公司，全员服务都是适用的，其操作特别简单，关键是要坚持下去。那么，如何才能做到全员服务呢？应该从意识上、思想上、行动上等多个层面全方位动员，具体可从以下4个方面入手做起。

（1）提高全体人员对服务工作重要性的认识

非服务性组织、人员的主要工作不是服务，但对其重要性的认识是不言而喻的，无论是否需要其直接提供服务，都至少要让其树立提供服务的意识，做一个企业和消费者之间的桥梁，让消费者知道他们的行为是值得肯定的。

（2）每位工作者都应该站在一个平台上工作

不管你是经理还是主任，在消费者面前都是平等的，在他们需要时每个人都有义务站出来。

（3）加强对全体企业人员的培训，提高全体人员的服务能力

在企业内外部经常举行一些与服务有关的培训，慢慢地改正一些落后的服务理念和落后的态度。力争树立正确的形象，提高企业的整体素质。

（4）建立严格的服务操作规范、程序和标准

每个岗位都应该有服务规范和程序、标准。至少在为消费者服务的时候要有个合理的程序和规则。这是做好全员服务的前提，只有服务秩序合理，服务程序简洁、便捷，消费者才会更高效地购买。

（5）完善服务体系

专业化是全员服务最基本的特点，通常是由专业人员或团队来精密策划、高效执行，让消费者感受到专业性极强的服务。

不仅要围绕产品开展核心的服务，还应提供与产品相关的服务，比如技术服务、维修服务、保养服务、使用培训服务等。同时，在服务手段上也应该追求多样化，多样化的服务摆脱了服务手段单一的缺陷，这也是未来服务全面化的内在要求。现在有很多企业实现了与互联网相结合的模式，多渠道、多手段、多方式进行服务，与传统的服务方式相比，更能满足消费者需求。

5.2.3 一站式服务：彻底解决消费者的后顾之忧

做好服务永远是大多数企业在强调的，做产品必须辅以配套的服务，尤其是高端私人定制产品，消费者更看重服务层面。因此，对企业来讲，为解决消费者的后顾之忧，一定要着眼于长远，建立完善的、系统的、一站式服务。魅族在用户服务上就别具一格。

案例9

Flyme是魅族基于Android系统为用户量身打造的一个操作系统，旨在为用户提供优良的交互体验和在线服务。Flyme被人津津称道的是其云服务，这是魅族免费提供给用户的一项服务，是魅族设计理念在软件更深层次上的体现，也是魅族手机的核心竞争力之一，被魅族称为“产品的灵魂所在”。

它的主要功能是进行数据云端备份和手机定位，具体如图5-4所示。

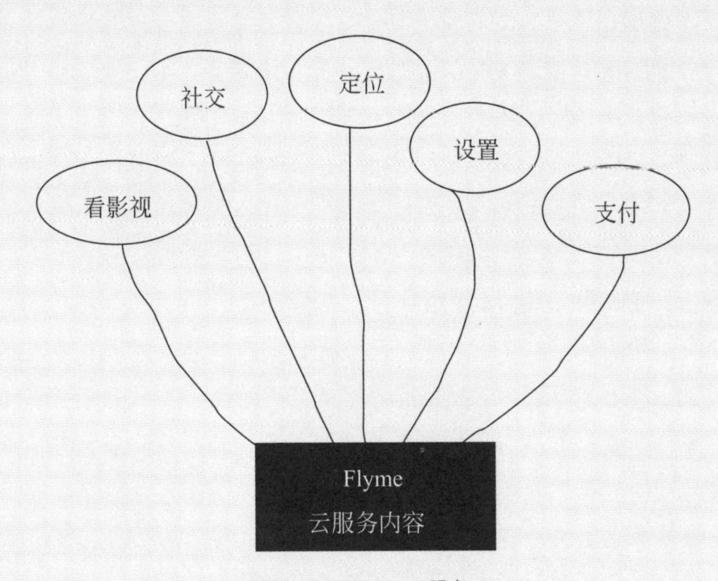

图5-4　Flyme云服务

Flyme云服务从M8就开始做，起初在M8上叫作“账户和同步”，M9和MX上增加了允许查找手机的功能。虽然魅族还是一个不起眼的民营企业，但是Flyme云服务却让粉丝看到了大企业的做派。

吸引粉丝不仅要有过硬的产品，还需要有完备的售后服务。魅族是比较晚才进军手机市场的，之前做MP3就保持着倾听用户声音的习惯。早期MP3市场竞争激烈，魅族与消费者通过互联网频繁互动，就产品性能、包装与消费者交换意见，依靠为数不多的几款产品，发展了一批忠实用户，靠的就是服务。而当决定改行做手机之后，又通过不断地优化服务，与用户互动，黏住了数以万计的“魅友”，即魅族的粉丝，让他们甚至为一款M8手机死心塌地等待了两年。

Flyme建立自己的服务体系除了完善产品本身的功能外，还通过多种措施建立外部服务体系，一个是线上论坛，一个线下体验店，完美地将线上、线下资源结合在一起，为用户提供一站式的服务。

（1）线上官方论坛

魅族是依靠互联网论坛逐步扩展其影响力的，最有特色的地方就是其独特的论坛文化。魅族有自己的官方论坛，魅族论坛在魅族公司成立后不久开始组建，2003年6月，魅族的第一款MP3随身听产品上市。与此同时，魅族的网站和论坛开通。正是这个论坛，成就了魅族的“江湖地位”。

从那时起，魅族就开始活跃在各大论坛上，跟“魅友”们讨论关于魅族的一切问题。当时，魅族科技的创始人黄章经常与用户彻夜讨论关于产品的问题，有时候也会谈到人生理想，时间一长，网友们都知道有个J.Wong是魅族的老板。对于一个老板这是很难能可贵的。据说，黄章早期时每天都会在论坛上泡几小时，从2003年起先后发布近6000个帖子，魅族员工也都会经常去论坛发帖。

作为魅族粉丝的大本营，魅族论坛在其整体的网络营销中占据核心位置，承载着魅族发布新品、宣布重大消息、更新系统固件、收集产品问题、提取用户建议及意见的功能，同时，也会搞些线上活动。

魅族通过论坛经营一个“煤油”团队，这个群体在产品的强大凝聚力下形成，并日益壮大，形成了特有的“煤油文化”。由于产品口碑的不断积累，魅族论坛的用户越来越多，目前注册用户近200万，每日活跃用户在3万以上。

这些互动也会延续到线下，例如魅友家活动，无论是小型的还是大型的都会陆续举行。其中有官方组织的，也有魅友们自发组织的。

（2）线下体验店

线上论坛是魅族粉丝的大本营，是粉丝们相互沟通的纽带，同时，在线下魅族也非常有作为，那就是建立自己的体验店。体验店除了为用户提供各种极致的体验，还担负着产品宣传、产品销售、配件销售、用户服务等多项服务。魅族店员会为粉丝详细介绍每一款产品，为粉丝提供剪卡、贴膜等服务。尽管魅族产品类型不多，建立专卖店看起来是一个非常冒险的策略，但这个举措已经得到了很多粉丝、经销商的大力支持，当前（截至2015初），魅族专卖店已达1000家，遍及北京、上海、广州、深圳、杭州等一线城市。

可见，无论从运作模式上，还是规模上，魅族体验店已经形成了一个比较完善的线下宣传阵地，大大稳固了粉丝与产品之间的情感。

附图

附图1 爆品产生的背景、概念和特征

第1章内容附图

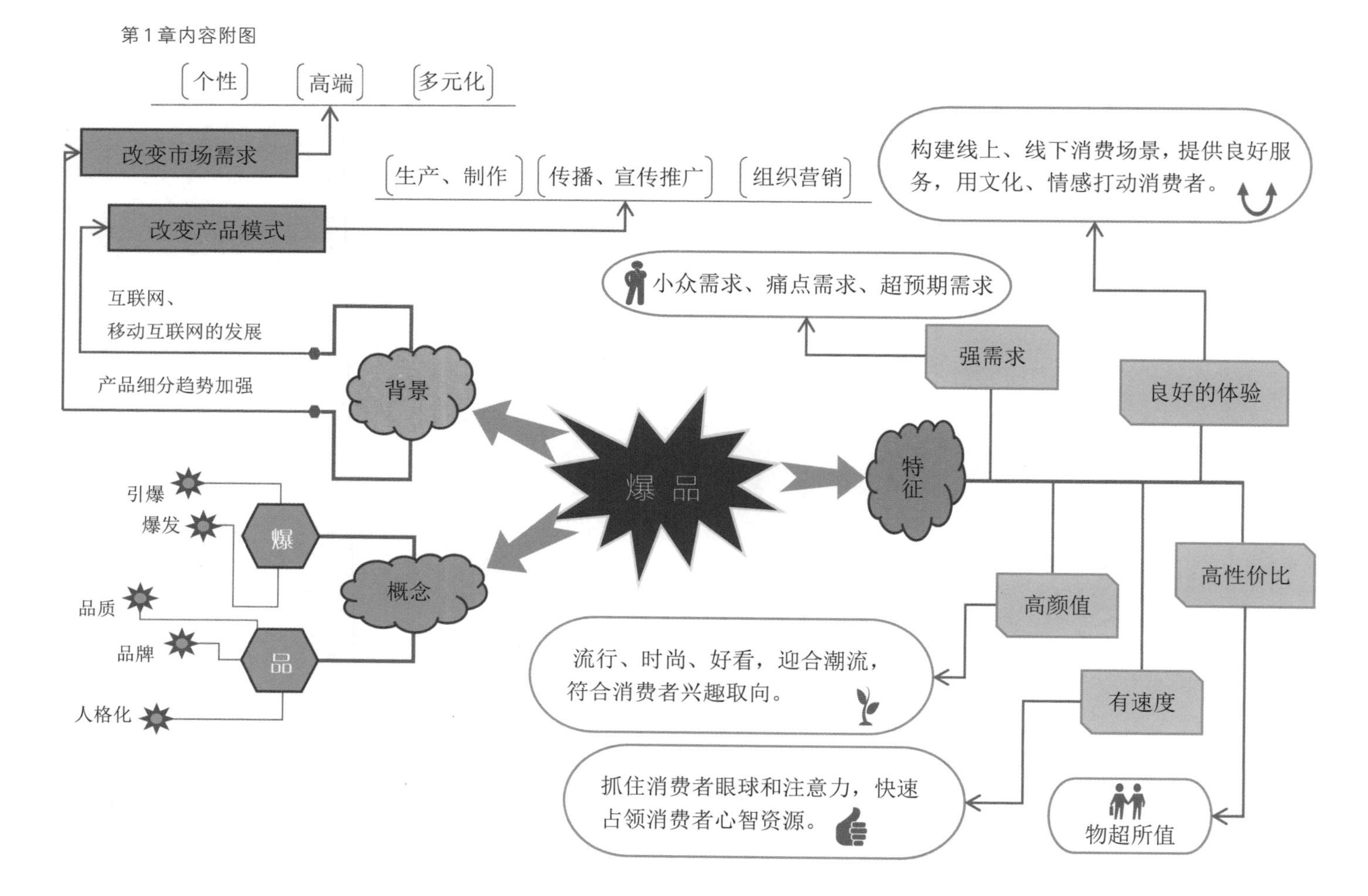

附图2 打造爆款产品的思维与策略

第2章内容附图

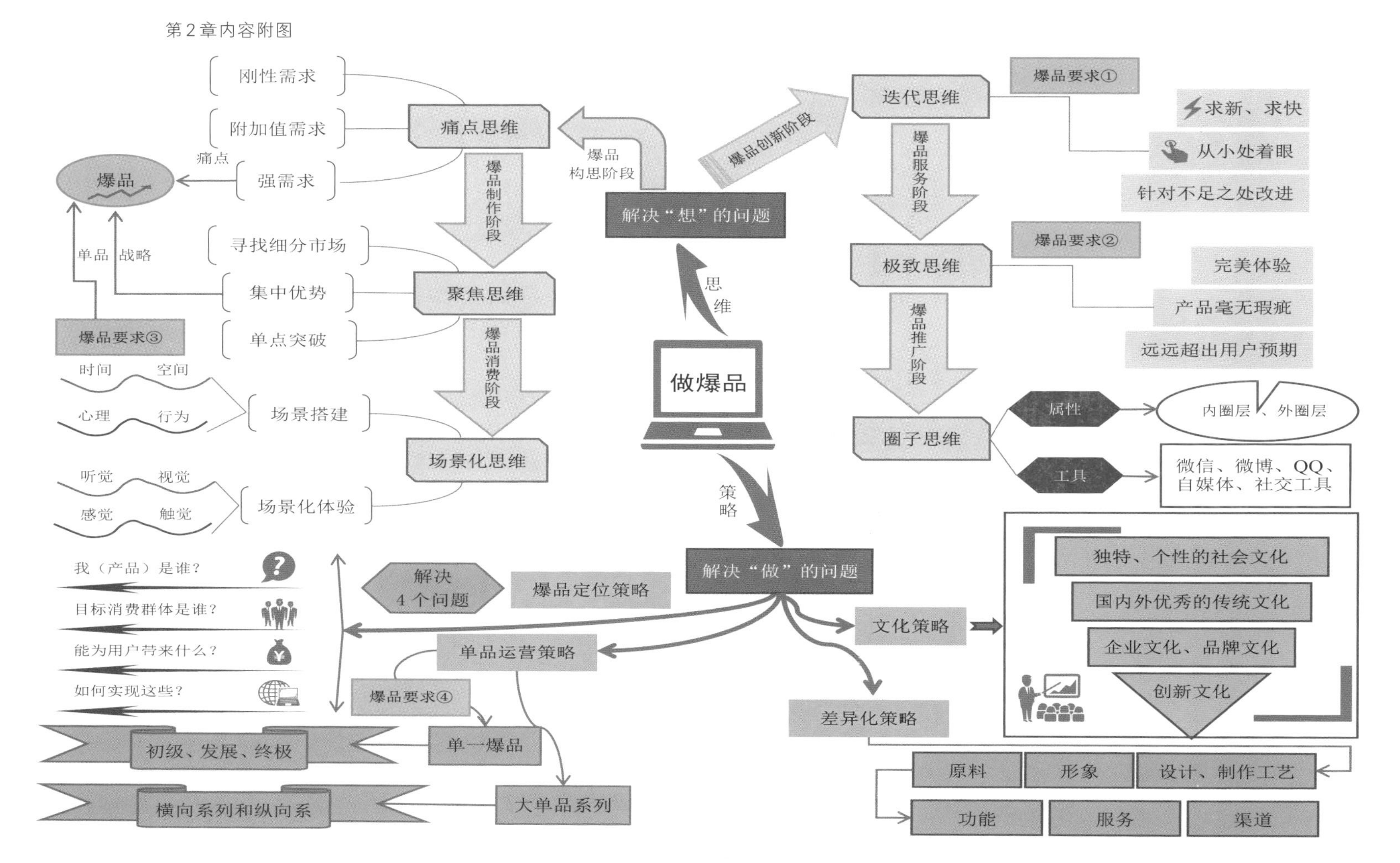

附图3　爆款产品爆点打造的路径

第3章内容附图

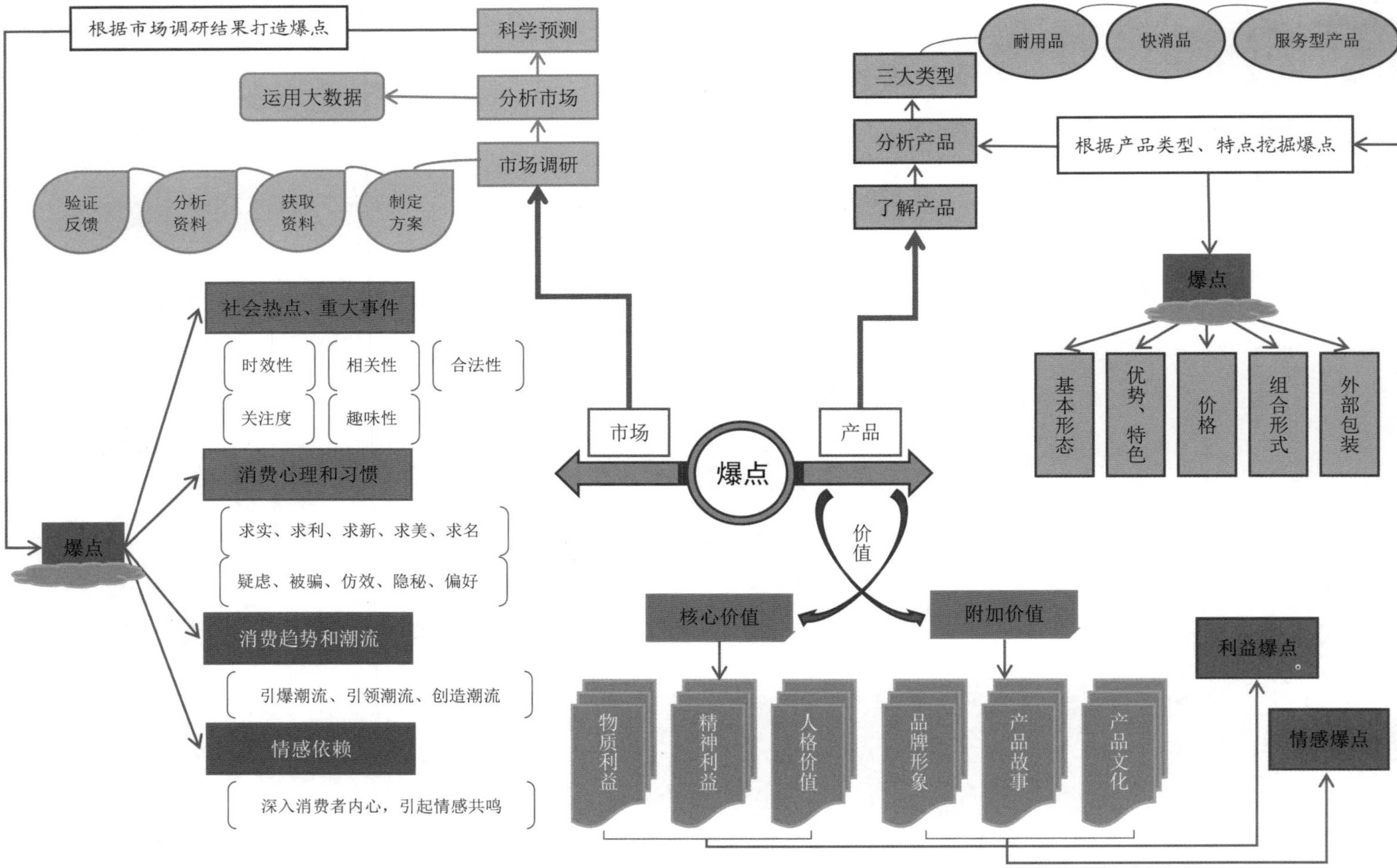

根据市场调研结果打造爆点
科学预测
分析市场
运用大数据
市场调研
验证反馈
分析资料
获取资料
制定方案

爆点
社会热点、重大事件
时效性　相关性　合法性
关注度　趣味性
消费心理和习惯
求实、求利、求新、求美、求名
疑虑、被骗、仿效、隐秘、偏好
消费趋势和潮流
引爆潮流、引领潮流、创造潮流
情感依赖
深入消费者内心，引起情感共鸣

市场
爆点
产品
价值

耐用品　快消品　服务型产品
三大类型
分析产品
了解产品
根据产品类型、特点挖掘爆点
爆点
基本形态　优势、特色　价格　组合形式　外部包装

核心价值
物质利益　精神利益　人格价值
附加价值
品牌形象　产品故事　产品文化
利益爆点。
情感爆点

附图4 爆款产品快速引爆市场的线路图

第4章内容附图

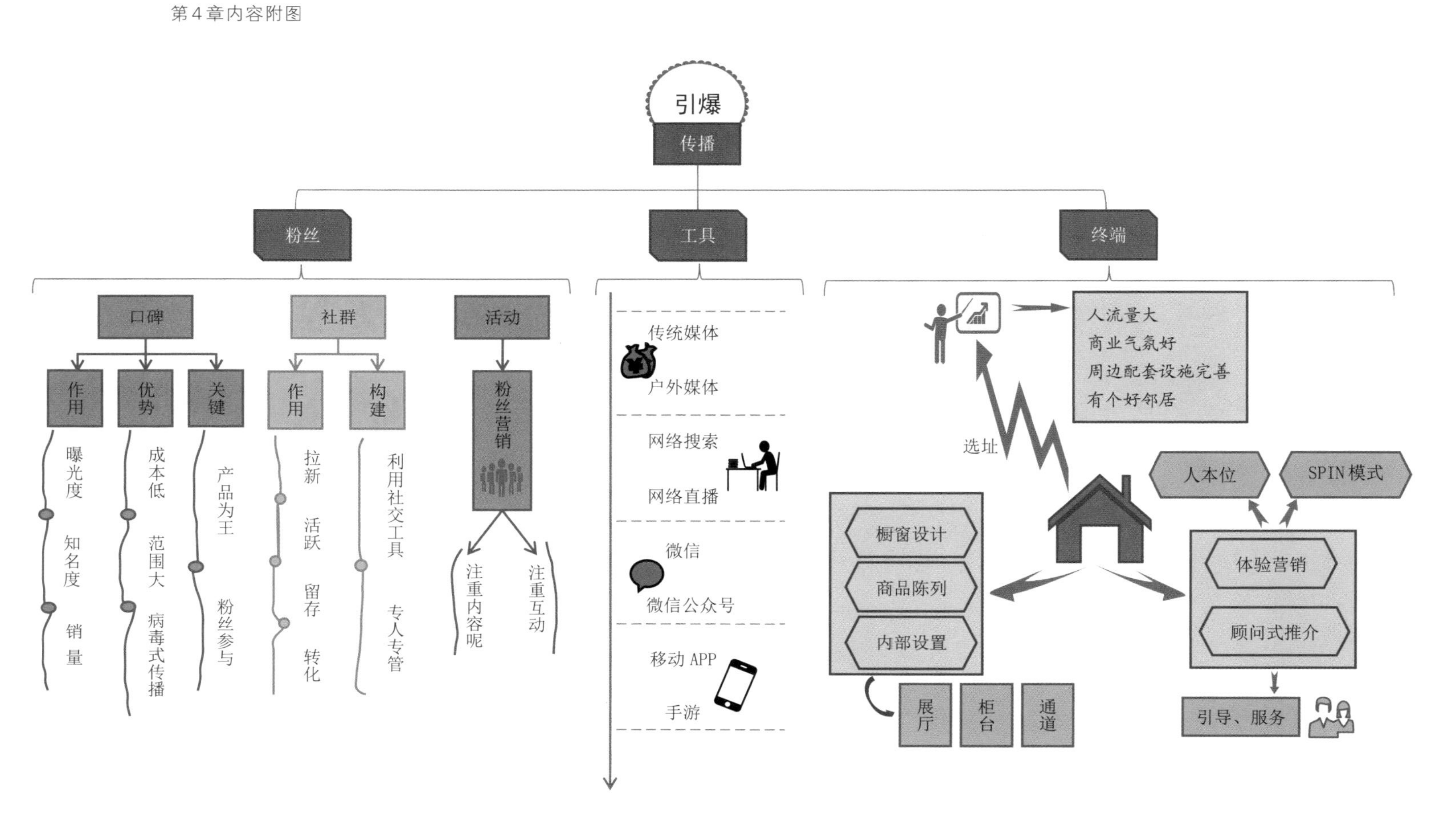

附图5 提升用户服务和体验的方法

第5章内容附图

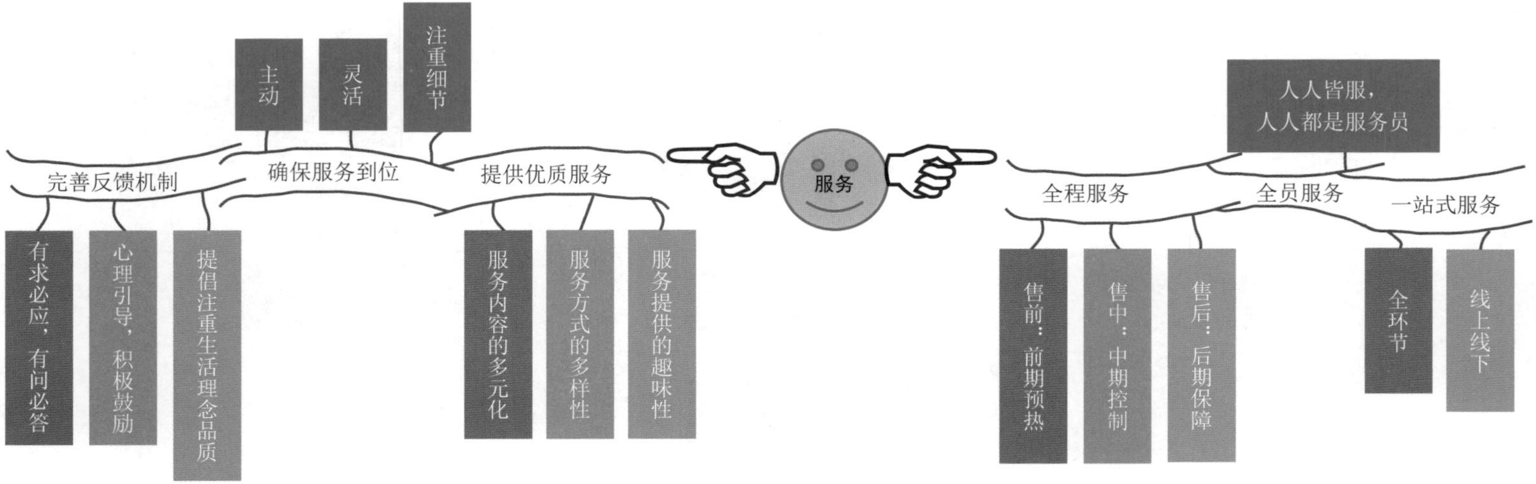

服务

完善反馈机制
有求必应，有问必答
心理引导，积极鼓励
提倡注重生活理念品质

确保服务到位
主动
灵活
注重细节

提供优质服务
服务内容的多元化
服务方式的多样性
服务提供的趣味性

全程服务
售前：前期预热
售中：中期控制
售后：后期保障

全员服务
人人皆服，人人都是服务员

一站式服务
全环节
线上线下